湛庐 CHEERS

与最聪明的人共同进化

HERE COMES EVERYBODY

CHEERS
湛庐

ADHD必读系列

分心不是我的错

[美] 爱德华·哈洛韦尔（Edward M. Hallowell）
约翰·瑞迪（John J. Ratey） 著

丁凡 译

DRIVEN TO DISTRACTION

浙江教育出版社·杭州

测一测 你知道分心、多动、冲动背后的真相吗？

扫码加入书架
领取阅读激励

- 分心就是人格的一部分，完全不需要干预，长大以后就好了。这是对的吗？（ ）

  A. 对

  B. 错

扫码获取全部测试题及答案，了解你必须知道的有关注意障碍的常识

- 分心的人看起来经常以自我为中心，甚至对他人有敌意，这是因为他们：（ ）

  A. 读不懂别人的细微表情或暗示

  B. 不太会注意别人的细微表情或暗示

- 生活节奏很快、竞争很激烈的都市人常常觉得自己无法专注，这说明他们已经患上了注意障碍吗？（ ）

  A. 是

  B. 否

扫描左侧二维码查看本书更多测试题

DRIVEN TO
DISTRACTION

中文版序

点燃你内心的创造力火焰

爱德华·哈洛韦尔

我的梦想就要实现了。仅仅是写下这几个字，就令我兴奋得喘不过气来。几十年来，我一直梦想着把我所掌握的 ADHD 相关知识传递给中国读者，想让大洋彼岸的人们也能认识到 ADHD 潜在的强大力量。

ADHD 是注意缺陷多动障碍的缩写，这种病被大众误解了很多年。误解恰恰来源于这个名字。我就患有 ADHD，但是相信我，我没有注意力不足的问题。我们这些患有 ADHD 的人根本不是注意力不足，恰恰相反，我们是注意力过剩。我们面临的挑战一直都是如何控制注意力。自从 1981 年我第一次了解 ADHD 以来，我的工作就是向大众解释它的真相，不仅讨论它可能导致的问题，更重要的是向大众揭示 ADHD 的特殊之处。

例如，被广泛用来诊断新型冠状病毒的 PCR 测试，它的发明者凯里·穆利斯（Kary Mullis）就患有 ADHD。他因 PCR 获得了 1993 年诺贝尔化学奖。捷蓝航空公司的创始人戴维·尼尔曼（David Neeleman）也患有 ADHD，他就将自己的创业天赋归功于 ADHD。2016 年里约奥运会的女子铅球金牌得主米歇尔·卡特（Michelle Carter）同时患有 ADHD 和阅读障碍。

我也患有 ADHD 和阅读障碍，但我仍然过上了很好的生活。虽然两者都给我带来了一些困扰，但我不仅没被打倒，还应对得很好。我以优异的成绩毕业于哈佛大学，同时主修英语和医学预科，后来成为一名医生以及学习差异方面的专家。我还撰写了 23 本书，探讨了包括 ADHD 在内的多个主题。

我说这些的目的是从一开始就告诉你，患有 ADHD 不等于你的一生就要与焦虑、担心、伤痛为伴。它确实会给你的生活带来无数麻烦，但是，这并不是一种必然！如果你能学会与它相处，你也可以生活得很好。事实上，如果你能和 ADHD 和平共处，它甚至能助你取得高水平的成就。凯里·穆利斯、戴维·尼尔曼、米歇尔·卡特，以及其他数以万计的成功人士的人生经验就是最有力的证明。

因此，我很荣幸，能够将我所掌握的知识和最新的信息传递给中国读者，特别是中国的孩子。正如我开头所说，这是梦想成真的感觉。

我有三个孩子，我知道抚养孩子不是有爱就够了。我知道为他们担心意味着什么，我知道需要帮助的感觉。希望我的书会给你需要的帮助。

有些孩子天生具有与众不同的学习基因，他们有无边的创造力、好奇心和想象力。这样的人几百年前就有了，只不过那时我们还不知道 ADHD 或阅读障碍的存在。

然而，那个时代的人们在评价这样的孩子时，几乎都是在谴责。人们斥责他们缺乏纪律性、懒惰、破坏性强、愚蠢，他们被视为社会的污点。仅仅因为这些孩子不能顺从大人，他们就被忽视、遗忘、虐待甚至被折磨。

如果你像我一样热爱生活、喜爱孩子，那么读到这些描述时，你会无比痛心。幸运的是，有越来越多的人学会运用科学知识来拯救这些孩子。事实证明，他们不仅没有那么糟糕，而且还拥有巨大的天赋。

从20世纪开始，患有ADHD的孩子的行为就总是招致道德层面的污名，人们认为羞辱、嘲笑和体罚是对这种行为最有效的干预措施。对患有ADHD的孩子来说，那是一段黑暗历史。最终，科学的进步带来了曙光。科学照亮的最重要的一个领域就是大脑，特别是在儿童如何学习、如何表现，以及人的情绪从何而来这些方面，我们的认知取得了巨大进展。

相比于100年前，甚至50年前，我们在养育孩子这件事上已经幸运很多了。我们现在彻底明白而不仅仅是相信，形容一个人愚蠢或聪明是毫无意义的，你需要表述的是他"在什么方面愚蠢"和"在什么方面聪明"。

我在女儿7岁（她现在33岁了）时为她写过一个儿童故事，在故事中我总结了神经科学的进步：

没有两个一模一样的大脑，
也没有完美的大脑，
每个大脑都能找到自己独特的运行方式。

这就是事实。教育的目的是帮助每个孩子发现他有什么样的大脑，找到它"独特的运行方式"。

每个孩子都有天赋。这些天赋就像未拆开的礼物，要靠父母、老师、教练、医生、长辈、亲戚，甚至整个社区及国家的帮助才能一一打开。只有这样，孩子在长大后，才知道他们拥有什么礼物，以及如何利用它们来发挥自己的优势，改善所处的环境，创造一个更好的世界。

很荣幸湛庐将我的四本书作为一个系列推出。这一系列主要从如何发现你和孩子的天赋展开，我还给出了在生活中应对分心的所有建议。

据我了解，中国约有 2 500 万儿童患有 ADHD，至少还有 2.5 亿成年人也患有这种疾病。这些成人也完全可以像孩子那样，在学习找到天赋的过程中有所收获。

这一系列的第一本《分心不是我的错》于 1994 年问世。在该书出版之前，很少有人听说过注意缺陷。当时只叫"注意缺陷"，后来才加上"多动"。

在之后的 10 年里，这个领域迅速发展，我掌握了足够的新知识来写一本新书，所以 2005 年这一系列的第二本《写给分心者的生活指南》出版了。

之后，由于越来越多的父母向我寻求指导，想让我帮助他们学习方式各异的孩子发挥最大潜力，我又写了第三本《分心的孩子这样教》。

这一系列的第四本《分心的优势》，综合了目前最有效果的各种治疗策略，希望能够真正帮助分心者聚焦自身优势，找到自己的用武之地。

现在，我要简单说明一下 ADD（注意缺陷障碍）与 ADHD（注意缺陷多动障碍）的区别。ADHD 是现在普遍认可和使用的正式名称。当医学界把"多动"加进去后，就诊断而言，ADD 就不存在了。然而，各个年龄段的数百万人都有注意缺陷，尤其是女性，但她们不多动，主要是注意力不集中。我们现在只能用"以注意障碍为主型的 ADHD"来形容有注意力不集中的症状但不具有多动或冲动症状的人，用"混合型 ADHD"来形容既有注意力不集中的症状又有多动或冲动症状的人。

说到 ADHD 的定义，在美国，90% 的人都认为他们对 ADHD 很了解。其实不然。我想用一个比喻来说明它。一个人患有 ADHD 就像有一个法拉利赛车般的大脑，却配备了自行车的刹车片。它有一个非常强大的引擎，可以跑得很快，但是很难减速或停下来。拥有一辆刹车不良的法拉利是很危险的，但这就是患有 ADHD 的孩子以及他们的家人每天面对的情况。

作为一个发现天赋的专业人士，我的工作是帮助患有 ADHD 的人强化他们的刹车系统。我在"ADHD 必读系列"中描述了我使用的许多技巧。

其中一个技巧基于哈佛大学的一项研究：小脑在调节多动症方面的作用。我们一直都知道小脑是帮助控制身体的平衡和协调的，但在哈佛大学这项研究出现之前，我们不知道小脑也参与了认知和情绪调节。经过研究，我们兴奋地发现，ADHD 患者通过做平衡练习来刺激小脑，症状得到了明显改善，他们更专注了，组织性和情绪控制力也得到了提升。

思欣跃儿童优脑（Cogleap）的创始人及首席执行官杰克·陈（Jack Chen）是医疗保健领域技术创新的引领者，他开发了一套基于平衡和小脑刺激的 ADHD 疗法。这种疗法不使用药物，而是依靠教育、辅导和有针对性的身体锻炼来帮助患者提高注意力、加强执行功能和维持情绪稳定。

借助技巧和练习，患有 ADHD 的儿童或成年人强化了大脑的刹车系统，也能更好地利用自己隐藏的天赋。

这些天赋通常包括创造力、独创性、创业精神、丰富的想象力和敏锐的观察力。分心者完全能成为一个有远见的人、一个预言家或一个敏锐的医生。他们从不放弃，天生慷慨大度。这些才能和天赋没有一个是可以买得到或轻易教育出来的。患有 ADHD 的人很幸运，他们生来就有这些天赋。

这些天赋对中国的孩子来说尤为特殊，因为中国的教育体系擅长培养能够严格遵守指令、按照老师要求做的学生，但他们在创造力和原创性思维方面可能会有所不足。能把"ADHD 必读系列"带到中国，我的一个梦想就实现了。如果我的书能够帮助中国孩子以及成年人，让他们每天都有新想法、提出创造性问题、开辟新天地、允许自己犯错，我将会有巨大的成就感。

我很高兴看到中国孩子开始接受一种新的教育模式——游戏式的教育。我在"ADHD 必读系列"中都提到了游戏，但是我所说的游戏并不是大多数人以为的意思，也不是课间休息时的游戏或放学后的玩耍。

我说的游戏是指人类思维进行的高级活动，是任何点燃想象力的活动，任何涉及发明、创新、进入未知领域的活动。游戏是只有人类能做的事情，至少目前连人工智能也无法企及。

在"ADHD 必读系列"中，你会发现人类思维的神奇之处，了解如何点燃和利用你或你的孩子体内的创造力火焰。你也会看到一个患有 ADHD 的成人的世界就像孩子一样丰富。正是因为这些才华横溢的人带来的无限可能性，我们的世界才变得越来越好。

最后，我要感谢湛庐的编辑团队，也感谢我的朋友和合作伙伴杰克·陈。我还要感谢 5 年前我在上海演讲时热情的听众，感谢他们教会我的一切。希望我的"ADHD 必读系列"能给中国读者带来一点回报。

DRIVEN TO
DISTRACTION

目　录

中文版序　　**点燃你内心的创造力火焰**

第 **1** 章　　**聪明，却一事无成**　　　　　　　　　001

　　　　　　分心的人通常很聪明，精力充沛，直觉强，创造力强，但他们无法在任何一件事情上保持专注。分心就像近视，治疗的第一步是"配眼镜"，然后才能知道剩下的困难有多大。

第 **2** 章　　**他不是懒孩子**　　　　　　　　　　　041

　　　　　　分心的孩子常常被误认为是懒惰、叛逆的坏孩子，他们的自尊心会受到严重损害。而诊断得越早，痛苦就可以越早结束。

第 **3** 章　　**生活一团糟，事事都拖延**　　　　　　071

　　　　　　对于分心的人来说，缺乏结构是最糟糕的事，他们常觉得世界随时会崩溃，灾难马上就要发生，因此他们需要指导，需要结构，来稳定混乱的生活。

第 **4** 章　　**嫁给一个长不大的男人**　　　　　　　107

　　　　　　做分心者的爱人真的是一件伤脑筋的事，你完全不知道下一秒会发生什么，任何事情都不能指望他。你要学会把怒气发泄到注意障碍上，而不要迁怒他本人。

第 5 章　一个人可以毁了一家人　　129

如果家庭成员中有一个人是分心的，那么争执与冲突就很难避免。但如果全家人愿意用全新的眼光看待一个长期遭误解的亲人，那么家庭生活也可以变得很愉快。

第 6 章　不多动一样可以分心　　157

当我们强调注意障碍患者的分心时，就会忽略他们有时也很专注。当我们强调注意障碍患者的多动时，就会忘记那些爱做白日梦的患者。

第 7 章　分不分心，自己说了不算　　201

判断是不是分心，最重要的是审视一下你的过往人生。通过自己与身边人的回忆以及心理测验，让有经验的医生来做出正确的判断。

第 8 章　给分心的大脑配眼镜　　223

通过辅导和治疗，注意障碍患者会消除不靠谱、低成就感等负面的自我形象，认识到自己是多么有才华。通过计划和清单，注意障碍患者开始能够控制生活、享受生活。

第 1 章

聪明，却一事无成

分心的人通常很聪明，精力充沛，直觉强，创造力强，但他们无法在任何一件事情上保持专注。分心就像近视，治疗的第一步是"配眼镜"，然后才能知道剩下的困难有多大。

在生活中，我们到处都能看到分心者的踪影。之前，你也许认为有些人不够有纪律，太疯狂，太不可预料。这些人在学校或职场中起起伏伏，即使是爬到了学业或事业的巅峰，他们仍然觉得被驱使着，无法有秩序地生活。你会想，如果这些人能够振作起来该多好。

通过本书中的种种案例，你们可以看到分心的人所受到的种种误解和不公平对待，以及他们顽强奋斗的故事。通过这些故事，你对分心的人会有更多的理解。

为什么吉姆总被炒鱿鱼

晚上 11 点，吉姆在书房中踱步。他晚上经常一个人踱来踱去，试着整理自己的思绪。在慢慢步入中年的过程中，吉姆觉得日益绝望。他看着杂乱的房间，书、纸张、袜子、旧信件、抽了一半的香烟等物品散落一地。他的脑子和他的房间一样乱。

吉姆看了一眼书桌前那张写着"待办事项"的单子。单子上有 17 件事，而最后一件用黑笔圈了好几次。"重组策划案周二交！"现在已经是周一了，他还没开始写呢！自从告诉老板他知道如何提高生产力和士气以来，吉姆已经想了好几周。老板说："好啊！写一份策划案来看看。"老板很希望吉姆这次能有始有终地完成一件事。

吉姆知道自己要写什么，他已经想了好几个月了。比如，办公室需要安装新的计算机系统；文员需要更多的授权，以便立即做决定，这样大家才不会浪费那么多时间开各种会。如此一来，生产力和士气都会提高。事情非常简单明白。他把各种想法写在纸上，可随后这些写满各种想法的纸就被他扔了一屋子。

吉姆只能在书房中踱个不停。要从何处下笔？他自言自语道："如果写不好，我会看起来像个大傻瓜，搞不好还会被炒鱿鱼。这还不是和以前的工作一样？"他的想法总是很棒，但却无法有始有终地做完。这就是吉姆的特点。他踢了垃圾桶一脚，房间更乱了。他告诉自己："好，吸气，呼气。"

他坐下来，盯着电脑屏幕，然后走到桌前清理东西。电话响了，他对着电话大吼："你没看到我在忙吗？"电话留言中传来女友保利娜的声音："吉姆，我要睡了，只是打电话来看看你的策划案写得怎样了，祝你好运！"吉姆没勇气接电话。

吉姆如此痛苦地度过一夜，一件件小事让他分心，比如屋外的猫叫声，三天前别人说过的话，手上的铅笔重如铅块，等等。终于，他写下了"安捷实验室重组策划案"这几个字，但再也写不出其他的了。一个朋友曾经告诉他："想到什么就写什么。"好，想到什么就写什么，但是他仍然写不出一个字。也许该换个工作，也许该上床睡觉了。算了，别想了！不行，不管多烂，非得写完不可。

凌晨4点，吉姆快疯了。极度疲倦使他的大脑呈半休克状态，这样他反而可以准确地描述自己的想法。早上 6 点，他终于写完策划案上床了。"9 点要见老板，最好先小睡一会儿。"

问题是，9 点到了，他却还在床上，他忘了定闹钟。中午，他一脸慌乱地赶到办公室。看到老板的脸色，他知道无论策划案写得多好，他都别想再待下去了。老板说："你为什么不找一个有弹性上班时间的工作呢？你很有创意，吉姆，去找一个适合你风格的工作吧！"

几周后，吉姆跟保利娜说："我就是不懂。我知道我有才华，不应该一天到晚被辞退，可是我老是被辞退。我经常有些好点子，但就是不知道怎样完成。我在高中就这样了，班主任很好，她说我是班上智商最高的，但她不懂为什么我的潜力发挥不出来。"

保利娜说："你知道吗，真不公平，他们用了你的策划案，效果好极了。每个人都很开心，工作效率也提高很多。那些都是你的主意，吉姆，结果反倒是你被炒鱿鱼。真不公平！"

吉姆说："我真不懂自己的问题出在哪儿，我不知道要怎么办。"

吉姆有注意障碍。他来找我的时候，已经 32 岁了，无论是工作还是人际关系，他都长期处于失败中。因为神经上的异常，他无法专心，无法持续努力，无法完成任何事。

典型的注意障碍有三个特征：冲动、分心、多动。据统计，美国约有 1 500 万人患有此病，其中大多数人并不知道自己的问题出在哪儿。过去，人们认为等这类小孩长大后情况就会改善，现在我们知道，只有 1/3 的注意障碍患者长大后会自然痊愈，2/3 的注意障碍患者即使长大后也不会完全康复。注意障碍不是学习障碍或智商不足，许多注意障碍患者极为聪明，只是他们的聪明表现不出来。对他们而言，把自己的想法整理出来，实在是一件困难且需要耐心的事。

什么是正常的行为呢？什么行为算是冲动呢？怎样算是分心呢？有多旺盛的精力才算是多动呢？本书将利用许多案例一一探讨这些问题。每个人或多或少都有过这些毛病吗？是的。但是我们还需要看症状的严重程度、有没有影响生活，才能判断这个人有没有注意障碍。

吉姆来找我的时候，他完全不知该如何是好。在我的办公室，他坐在椅子上，一直摸头发。他倾身向前，看看我，看看地板，摇着头说："我不知道要从何说起，我连自己来这里做什么都不知道。"

"找到这个地方有困难吗？"他迟到了20分钟，我猜想他也许迷路了。

"是啊，你的说明很清楚，不是你的错。该往右转的时候我向左转了，结果又碰到学校放学，在路上耽搁了一会儿。后来我到了桑莫镇的加油站，能找到这个地方真是奇迹。"

我说："是啊！有时候真不好找。"我希望他能放轻松一点儿。注意障碍患者来初诊时，一半以上的人会迟到或根本不来，我早已有心理准备。这是症状之一，但患者很在意，以为我会责备他们。我说："你可不是第一个迟到的患者。"

他问："真的？那真好。"他深吸一口气，好像要说什么，却没说出口，话卡在喉间出不来，然后长长地吁一口气，想说的话还是没说出来。我建议他花点时间整理自己想说的话，同时利用这段时间我把他的资料填好，比如姓名、住址和电话。这似乎对他有些帮助。他说："好，开始吧！"

我说："好。"我把手放在脑后，靠向椅背。吉姆沉默了一会儿，又大大地叹了一口气。我说："也许我们可以谈谈你为什么来找我。"

他说："好。"他开始告诉我他的故事。他认为自己有一个正常的童年。经我仔细询问，他才承认在小学阶段他非常调皮，时常闯祸。他从来不用功学习，可是成绩很好。他说："我觉得学校好像游乐场。"到了中学，学业就没那么轻松了，光靠聪明是不够的，他的成绩开始下滑。父母和老师开始对他唠叨，嫌他个性上存在的种种弱点，并指责他让每一个人失望，这样下去将来要如何是好等诸如此类的话。他的自尊心开始受到伤害。好在他的个性本来就很活泼乐观，总能维持一定的热情。在勉强大学毕业后，他入职过几家电脑公司，但工作更换很频繁。

我问他："你喜欢电脑？"他很热情地说："我简直像是个发明电脑的人。我爱死电脑了。我就是懂得电脑是怎么回事，你明白我的意思吗？我知道电脑是怎么回事，如果能告诉别人我所知道的一切就好了，如果我没有每次都把事情弄糟……"

我问："你每次是怎样把事情弄糟的？"他说："我每次是怎样把事情弄糟的？"他的声音变得低沉而忧郁。"我怎样把事情弄糟的……我会忘记事情，我和别人吵架，我会拖延，会迟到，我会一天到晚迷路，我脾气不好，我做事有头无尾。我有很多毛病。我和老板讨论事情，明知道自己是对的，可讨论讨论，就变成我在骂老板了。这样骂老板是很容易被炒鱿鱼的。有时候我有个想法，但就是整理不出来，好像这个想法塞在我脑子的某处。我知道它在那儿，但就是整理不出来。我想把它整理出来，可是我办不到。我以前的女朋友说我需要接受自己就是没出息的事实。也许她是对的，我不知道。"

我问："你喜欢她吗？"

"有那么一阵子。然后她就像别人一样，受不了我了。跟我在一起，生活太刺激了。"

我问:"你认为这种'刺激性'是从哪里来的?"

他说:"我不知道,我一直都是这样。"

我们谈得越多,关于"刺激性"的话题越明显。吉姆的一生充满了各种各样的刺激行为,它们是强烈的,而吉姆总是在燃烧着。这就是为什么在高度刺激和有压力的行业里,我们会看到更高比例的注意障碍患者,如销售业、广告业和股市。

我问:"你以前找过心理医生吗?"吉姆说:"有过一两次。他们人很好,但是一点儿帮助也没有。其中一位医生还叫我别喝那么多酒!""你喝多少?""偶尔喝。有时候很想放松一下,就出去喝个痛快。这是家族传统,我爸爸算是个酒鬼,我觉得我还不是酒鬼。当然,每个酒鬼都这么说,是不是?喝过之后,第二天早上头痛得不得了,之后好一阵子都不会喝。"

很多注意障碍患者用酒或可卡因来治疗自己。可卡因的化学成分和一种治疗注意障碍的药物很相似。

吉姆说话时,他的双腿一会儿交叉一会儿又打开,来来回回,动个不停。我说:"如果你觉得坐不住,可以起来走一走,动一动。""真的?你不在意?"他站起来,一边走,一边挥动手臂讲话:"太棒了!大部分人都受不了我动个不停。可是我一边走,才能一边想事情。这很奇怪吗?难怪我在学校有那么多麻烦,但这只是其中的部分原因。我总是觉得受拘束,即使在办公室里也一样,因为我不能一直踱来踱去。"

我说:"我不知道,也许你只是还没找到适合你的工作。"

"你说话的口吻听起来像我的老板,问题是到底有没有适合我的工作呢?"

注意障碍有很多不同的类型。许多人，尤其是成年患者，也存在其他问题，如患上抑郁症、染上赌瘾或酗酒。这些明显的问题遮掩住了潜在的注意障碍。有的人则是把分心逐渐变成人格的一部分，而没有接受治疗。别人只会说"他就是那个样子"，吉姆就是一个多动型的注意障碍患者。但是有很多注意障碍患者并不会多动，而是不太爱动。这种人会整天做白日梦，外人不知道他们神游何处。

我回答吉姆："我不知道有没有适合你的工作。现在我只想听听你的故事，你告诉过其他人吗？"

吉姆说："没有，没人跟得上我，他们都说我会跑题。"

我说："没关系，你只管说，我负责整理。这是我的工作。"

我们用了几周的时间进行治疗。他说了很多自己的故事，多数内容都与误会、误解、自责、低成就感、失去的机会、愤怒的人们、危险的行为等有关。12岁时，妈妈说他永远不懂得适可而止。他做了许多蠢事，他有健忘症，他成天混日子，可是他也有很多精彩的经历。他善良、直觉强、有魅力、有活力、热心。在他的故事里，有伟大的梦想和希望，也有极端的失望。他从不怨天尤人，只会怪自己不够好。他很讨人喜欢，虽然他不怎么喜欢自己。

典型的注意障碍患者往往很讨人喜欢，但却总是惹事。他们可能非常爱惹人生气，例如，一位母亲曾打电话来说她的儿子几乎把学校给烧了，她问我是否可以把她的儿子撞死。从中可见这位母亲已经气愤到了极点。分心者也比一般人更有同情心，直觉更强，更有爱心，似乎在他们那乱七八糟的脑子里，总会特别保留一部分对人或对事的直觉。

吉姆的故事有很多转折。他当过公交车司机。一天下午，他以为已经到达了终点站，于是就直接把车开进停车场，结果发现车上还有愤怒的乘客，原来他忘了在最后一站停车。那是吉姆最后一次开公交车。还有一次，他当着一个女同事的面批评老板是"笨蛋"，一说出口才想起来这个女同事是老板的太太。他说："我不是故意的，我就是会出错。会不会是我潜意识里想要失败呢？"

我说："也许，有的人就是这样，但是也可能完全不是那么回事。"我开始告诉他注意障碍是怎么回事。"也许你不是个失败者，也许你潜意识里不想失败。我越来越觉得，也许是你的神经系统有些问题而引起注意障碍。这个病症就像近视一样，你看东西会很吃力。注意障碍患者很难一次做一件事。你也许听过'多动儿'（hyperactive children）这个词，就是以前用来形容注意障碍患者的。现在我们知道注意障碍患者也包括不多动的小孩及成人。注意障碍的特征是容易分心、冲动，但不会总是多动或精力过剩。多动型的注意障碍患者永远在忙，他们是所谓的 A 型人格的人。他们追求刺激，活力充沛，时刻动个不停；他们常常有好几个计划同时进行；他们总在忙，却很难真正完成任何事，因为他们很会拖延；他们经常情绪不稳定，可以没有任何原因地瞬间从极高昂变得极低落；他们很容易生气，尤其是被打断或遇到改变的时候；他们的记忆有很多的漏洞；他们喜欢做很多白日梦，喜欢高度刺激，喜欢行动和新奇的事物。这种个性不仅会对他们造成职场上的困扰，还会对他们造成与人的亲密关系上的困扰。如果你总是分心或是追求刺激，你的女朋友会很容易离开你。"

我一边说，一边观察他的反应。他身体前倾，直盯着我，听到每一个症状时他都点头，原本疲倦的脸显得越来越兴奋。他打断我："我小时候，别人总是说，'没用的吉姆，你为什么不像样点？'我的父母和老师都觉得我懒惰，他们会骂我，处罚我。起先我会和他们吵架，后来我也认为自己确实很懒。我的意思是，除了接受，还有什么办法呢？如果我顶嘴，爸爸就会用力打我的

第1章 聪明，却一事无成

头。但奇怪的是，我竟然能忍受这一切！我的意思是，我从来没有意志消沉。我还记得六年级时，因为我丢了作业本，一位老师罚我抄地理课本。她说如果我不再撒谎，承认自己没写功课，就不用罚抄。可是我真的做了那份功课，我可不愿意说我没做。老师更生气了，她罚我抄更多的课文，以为这样我就会投降。她一直增加抄写的页数，最后加到了100页，而我则熬夜抄个不停。妈妈发现我半夜还在抄课文，她让我停下来，第二天她到学校去抗议，老师只好向我道歉。那是整个学习生涯中，最令我回味无穷的一刻。因为这件事，我永远爱我妈妈。"

吉姆继续说："不过，要是那时候他们知道你现在告诉我的这些事就好了。初三那一年，我和爸妈吵架，他们也像老师那样，一直对我加重处罚。他们觉得我没有尽力，所以要处罚我，可是一点儿用也没有。现在回想起来，我还是觉得很难过。这不是他们的错，他们不知道是怎么回事。为什么以前都没人告诉我这些呢？"

我回答："直到近些年，人们才开始关注注意障碍。"

很难说我们从什么时候开始了解注意障碍。多动儿一直存在，也一直被歧视。

有史以来，每个时期都有孩子被家长或老师责骂，甚至被贴上"坏孩子"的标签。这是大家不爱提起的人性的黑暗面。这些孩子总是不由分说地被打。人性的黑暗面似乎总喜欢伤害弱小，尤其是他们惹人厌烦的时候。我不打算引经据典地细谈这个主题，只是想指出分心的孩子往往会受到最恶劣的虐待。直到近些年，儿童才受到法律保护，他们的"坏行为"才没被当作魔鬼附身或人格缺失，才不会因此而受到严厉的处罚。

注意障碍存在已久，却只是被当成"坏行为"，直到20世纪才被视为医学问题。虽然很难说是谁最先注意到注意障碍的，但一般认为是英国儿科医生乔治·弗雷德里克·斯蒂尔（George Frederic Still）于1902年在皇家内科医师协会发表的系列演讲中首先提出的。斯蒂尔描述了一批难以管束的儿童，他们不守规矩，不受拘束，具有破坏力，不诚实，不听话。他认为这些孩子的问题并非来自不当的家庭教育，而是有生理原因或出生时受过伤害。

20世纪三四十年代的专家认为这些孩子的大脑受过损伤。即使缺乏神经受损的实际证据，"脑损伤"仍然是失控行为的正当解释。而就是在这个时期，医生开始尝试用药物（当时是用安非他命）治疗此病症，并取得初步成效。

吉姆问："这到底是什么意思呢？是不是说我很笨？"我反问："完全不是那么回事。别问我，你自己说，你笨不笨？"他坚定地答道："不，我不笨。我知道我不笨，只是不知道如何表现。"我说："正是。可能的原因很多，以你的情形，我认为是因为你患有注意障碍。"他问："很多人有这个毛病吗？"

"美国大约有1 500万注意障碍患者，男女比例大约是3∶1，成人和孩子都可能患有此病。我们并不知道确切原因，不过证据显示有可能是遗传因素。虽然其他因素也会造成影响，比如母亲生产时的问题，但是遗传是最主要因素。环境因素会使注意障碍恶化，但并不会形成注意障碍。"

他有点嘲讽地问："你是说不是我妈妈的错？"我接着说："这件事不是她的错，也许其他的事是她的错。你想要责怪她吗？""不，不。可是我想要怪罪于某人。也不是真的要怪谁，我只是想发火。我实在很恼火，为什么以前没人告诉我！如果这只是我天生的样子……"我打了个岔："那么你就无须自责了！"

"我一直在怪自己，认为这是我的错。不管我有没有注意障碍，把事情搞砸的是我，倒霉的也是我。在我这个年纪，要怪只能怪自己，不是吗？"

他的话引起了我的旧伤痛，我揉揉肩膀："这样说也有道理吧，但是怪自己有什么帮助呢？我要让你更了解自己，你才能原谅自己，这样你才能继续前行。"

吉姆说："好，我听懂你的意思了，但是我可以做些什么来改善自己的现状呢？"我大笑起来："有注意障碍的人总是喜欢'做些什么'，总是在问'你这是什么意思''下一步是什么'。"他说："你说得对，我不留恋风景，一心只想到达目的地，这样不好吗？"我说："我没有责怪你的意思，我自己也是一个注意障碍患者，我很了解你的感受。"

吉姆吓了一跳："你也有注意障碍？可是你看起来好平静。"我笑了："练习。我相信你有时候也能专心。对我而言，我的工作正是能够让我专心的事。不过，练习确实有帮助，我们以后会细谈如何练习。"

吉姆的治疗自此开始。事实上，他的疗程已经开始了。对许多人而言，知道注意障碍是怎么回事，了解自己的问题是什么，对他们的帮助就已经很大了。

有一次他问："我到底是怎么了？我不想那么粗鲁。可是那个人打电话来说我寄过去的资料不正确，我知道我没寄错，是他自己不懂。我当时就生气了，特别是他的口气令我更生气。听到他的声音，我恨不得揍他一顿。"

我说："你经历了一次愤怒反应。""正是！现在想起来还叫人生气。所以我照着你的建议，等了一下，想一想后果。那是个好顾客，我不想得罪他，也不希望他跟别人说我坏话。所以我等了一下。可是他一直用那种很讨厌的声音说个不停，我好想对他大吼，但是我只清了一下嗓子，结果他就说：'别打岔，我还没说完。'我受不了了，我告诉他即使讲到圣诞节，他还是会说不完，我有更重要的事要做。然后我就挂了电话。你能相信吗？"

我笑了："我觉得你做得很好，至少在你崩溃之前做得不错。那家伙的确讨人厌。我们必须接受现实，有时我们会为某件小事心烦或者发脾气。治疗不会使你完全没有脾气，而且你也不想那样，对不对？"

"大概不想吧。你说的'愤怒反应'也是症状之一吗？"我说："是的，这是冲动行为的一种。注意障碍患者缺乏抑制机能，所以容易发怒。他们不太会压抑自己的情绪。他们缺乏一般人在冲动和行动之间的延迟，所以停不下来。治疗对他们会有所帮助，但是不能完全解决问题。"

他继续说："你知道有趣的是什么吗？那家伙第二天打电话来道歉，说我们前一天沟通出了问题，也许我们应该重新谈谈。沟通出了问题，你相信吗？我说'好啊，但是这次让我先说'。我用10秒钟解释了为什么我寄给他的东西是他需要的。他说他明白了，还感谢了我。我也向他道歉，'真对不起，昨天的沟通出了问题。'我们互道再见，像好朋友一样。"

我说："谁想得到呢？这次运气站在你这边了。"我接着问他："可是这次愤怒反应从何而来呢？你能告诉我吗？"

谈起他的感觉，吉姆不自觉地握住拳头说："我想是日积月累的结果吧！当我是个孩子时，我很顽皮，可是我没这么愤怒。我想是在学校累积出来的。所有的失败、所有的挫折导致后来即使事情才刚刚开始，我就觉得没希望了。最后只剩下固执的信念支撑着我：我绝不投降。可是为什么没人看到我一再失败却一再努力？为什么没人鼓励我呢？"

吉姆谈到了注意障碍患者的一大重要特征。严格说起来，这不是神经系统异常直接引起的症状，而是伴随着注意障碍产生的次发心理现象。

由于不断地失败，被误解，被贴上标签，以及其他情绪上的打击，患有注意障碍的儿童（简称注意障碍儿童）往往会在自我形象和自尊心方面出现问题。无论在家还是在学校，别人都不断地指责他们懒惰，说他们笨、顽固、坏，说他们"少一根筋"。大家怪他们吃饭时弄得一团乱，怪他们度假时破坏了家庭气氛。他们因为破坏教室秩序而被处罚，还常常背黑锅。老师常常找他们的父母到学校谈话。一次又一次谈话后，孩子们最后总会受罚。他们会默默承受这样的后果。

父亲说："你知道老师说了什么吗？你知道你妈妈和我有多丢脸吗？"而老师是这样说的："我知道你在家里的表现不比在学校好，我们一定得多多努力，是不是？"

日复一日，年复一年，负面的评价一遍又一遍地重复，直到孩子完全相信了。"你是坏孩子，你真笨，你就是搞不懂，你真是悲哀啊！"这些声音不断地打击孩子的自尊心，直到他们变成青少年，变得很自责，不愿敞开心扉，那时即使我们想帮他们，也已使不上力了。对任何孩子而言，在青春期要想喜欢自己都不容易，**更何况是患有注意障碍的孩子。**

我对吉姆说："你一直很努力，可是感到很困难。"他用一种悲伤的声音说："是啊，你无法想象。"我说："讲给我听听。""我不知道从何时说起。到了高中，我真的以为自己就是笨。我听得懂老师教的东西，我甚至可以举一反三，可一旦要我写报告或者考试，我就完了。我试过，我真的努力试过。他们说我试都不试，可是我真的试了，但就是行不通。我会把自己关在房间里做功课，可是很快就又分心去做别的事，比如读课外书、听音乐，我会试着回过神做功课，可是我就是做不到。"吉姆的声音变得很生硬，脸都涨红了。

我说："往事历历在目？"他点点头："是啊，他们总是叫我更努力。后来我就觉得自己根本不是那块料。我明明有能力，但就是发挥不出来。""所以你总是在挫折之中，难怪你充满愤怒。""你觉得这是我喝酒的原因吗？喝点酒让我觉得好过一些。每个人不都是这样的吗？"

"当然是，可是也许你有其他的特殊原因。你是在自我治疗，很多有注意障碍的人会自己找药物治疗。酒精、可卡因都是常见的。它们能使人镇定下来，但效果只是暂时的，长远来看是有害的。"

"我想我知道。我想这就是为什么我不让自己碰违禁药品。我觉得一旦尝试，我就完了。"吉姆停顿了一下，"为什么可卡因也是治疗注意障碍的药物呢？我以为那是兴奋剂。"

"对大部分人而言，可卡因是兴奋剂，但对注意障碍患者而言，可卡因能令他们专心。他们吸食可卡因时，并不知道自己是对症下药。"

"哇，真的？我真庆幸自己知道问题所在了，亡羊补牢，为时未晚。"

我问："你的人际关系会受影响吗？""我以前没想过这个问题，可是这一切确实影响了我的人际关系。我不肯听话……"我纠正他："不是不肯，是做不到。"

"是的，做不到。可别人认为我是不肯听话，因为我老是迟到或者完全忘记约定的事。我老是弄不清楚别人的意思，所以也就无法做出正确的判断。我的确容易生气，这是真的，如果别人取笑我，我会叫他们滚。这对朋友关系一点儿帮助也没有，不过我还是有朋友的，最重要的是保利娜一直支持我。我会和她说着说着就做起了白日梦。我答应她要做的事，转身就忘了。到目前为止，她还没有甩了我，这可真不容易啊！我们总是在吵架或者处在要吵架的边缘。我把工作搞砸的时候，她会鼓励我，可是我知道她心里在想'这家伙有什么毛病'，我自己也这么怀疑自己。没有保利娜的话，我真是无法生存。她真是不可思议，对她而言，这种关系实在是充满艰辛。我不是个好相处的人，我心知肚明。我知道我爱惹人生气，连我自己都会生自己的气。我多么希望自己不要这么讨厌，而我也不是故意要这样的。我想保利娜心里也相信我不是故意的，否则她怎么还会跟我在一起呢！"

我说:"也许是这样。可是,吉姆,你确实是个好人!别人能忍受你那些烦人的小毛病,那是因为你在其他方面值得呀!"

我们常常忽视了学习障碍和注意障碍患者的社交生活。其实,这是非常重要的一面。注意障碍不只会影响患者的学习和工作,也会影响他们的社交关系。交朋友需要用心,你需要知道在朋友圈如何与人沟通,才能和朋友融洽相处。社交时的各种信息往往很细微,比如,眼睛眯一眯,眉毛扬起来,口气微微改变一点儿,头倾斜一些。注意障碍患者不会注意到这些信息,因此他们会觉得走不进朋友的圈子。尤其是童年时期,不专心和冲动确实会使他们很难被人接受,很容易造成误解。

吉姆笑着说:"有时候我会想,真不知道自己是怎么活到这把年纪的,运气可真好啊!"

我说:"也许是你一路上不自觉地学会了许多生存技巧吧。注意障碍成为你人格的一部分,也成为你的特色。"

吉姆的治疗花了一年时间。我采用一周一次的心理治疗和低剂量的药物治疗两种方法。我们没有用传统的心理治疗方法,反而比较像是辅导,它充满教育性,可以增长见闻,提供指导,给予明确的鼓励。我帮着他重新了解自己,了解注意障碍对他的影响,帮着他组织他的生活,使注意障碍的破坏力降到最低。药物则帮助他持续专心,用他的话来形容就是"消除杂音"。

我们在本书第 8 章会讨论治疗的细节,这里先提供一个大纲当作参考。需要注意的是,药物会有所帮助,但不能解决所有问题。一般而言,综合的治疗方法最有效。

改善分心的方法

1. **诊断**：第一步是诊断确定。此时，患者往往觉得如释重负，总算知道自己的问题出在哪里了。治疗开始于诊断。

2. **教育：患者对注意障碍的了解越多，治疗就越容易取得成功。** 了解越多，他们就越知道自己的生活是如何受到疾病影响的，才知道应该如何改变现状。这也使患者知道如何对别人解释自己的状况。

3. **建立结构：结构指的是外在的有形限制，是患者迫切需要的。** 具体而实用的工具，诸如清单、简单的存档系统、记事本、每日计划，这些都是结构，可以减少混乱，提高效率，让患者觉得一切都在掌控之中。

4. **训练或心理治疗：患者需要一个"教练"，在一旁吹着哨子给他打气、指导、提醒，帮忙确定一切都在正轨上。** 患者需要这种有结构的鼓舞，否则就不知如何是好。团体治疗最能提供这种鼓舞。如果有抑郁症、自我形象受损或其他内在的问题，患者会需要传统的心理治疗。

5. **药物：药物有好几种。药物好比是眼镜，帮助我们看得更清楚。** 药物能减少患者常有的内在冲突和焦虑感，修正脑内化学物质的失衡状态，使管理注意力、冲动和情绪的神经中枢正常运作。虽然药物不能解决一切问题，但能极大地改善状况，而且很安全。

吉姆的治疗进行得很顺利。治疗结束时，他的生活已与从前迥然不同。在8个月的时间里，他开了自己的电脑顾问公司，生意好极了。自己开公司，可以不用再担心得罪老板。当然，他还得应付顾客。他和保利娜的关系稳定而愉快，他开始学会管理自己，充满创造力的大脑终于开始好好表现了。

爬上水塔看书的卡罗琳

一天下午，卡罗琳来找我，她说"只是想聊一聊"。她打长途电话来预约面谈的时间，操着南方口音说："亲爱的，我知道我是怎么回事。我只要你坐在那里点头，听我说话就好。"

卡罗琳走进我的办公室，她身材高挑，穿着淡橘色洋装，扎着白腰带，戴着宽边帽，涂了桃色口红，一身的香水味。"你不介意吧？"她一边问，一边点起一根烟。吐出一口烟，她睁大了眼睛望着我说："我觉得我们像是老朋友一样。我听过你的演讲，读过你写的文章。我们两个人都有注意障碍，也都是心理治疗师。天哪，我们十分相似呢！除了我住在 4 000 多公里外的加利福尼亚。"

"加利福尼亚？我以为……"

"我的口音听起来像是南方人，没错，我是在新奥尔良长大的。但是我跟着第二任丈夫到了金门海峡，就再也没回去了。"

"你在电话里说只是要聊一聊？"

"我当心理医生已经有 20 年了，过去 10 年主治注意障碍。我从来没跟任何人提过我的故事，我觉得也许可以从你开始，我喜欢你讲话的方式。"我们约定谈几次。她随着丈夫到波士顿开会，所以会有几天的时间。当她说出她的故事时，我非常佩服她的韧性和聪慧。

"我是个孤儿,至少以前是。我妈妈怀我的时候,还是个少女。20世纪30年代的路易斯安那州,一个身为天主教徒的少女是不可能去打胎的,所以我就被生下来了。我两岁的时候被领养。养母和我彼此一点儿也不适合。她人很好,我很爱她。她真是个淑女,做什么都规规矩矩,但我不是。无论养母怎么尝试,都无法把我训练成功。我的腿并不拢,我爱咬指甲,我的裙子会飞起来,我总是脏兮兮的。我最早的鲜活记忆是从桑梅逊圣经学校偷溜出去开始的。那天无聊透顶,我和吉米偷偷从后门溜出去,往河边跑,后来吉米怕了,自己又跑了回去,但我没有。我到处乱逛,逛到累得睡着了。天快黑的时候,他们在一个路边的阴沟里找到了我。我的养母气坏了,狠狠地把我教训了一顿。她一定很后悔当初去了那家孤儿院。

"另外一个深刻的记忆是坐在水塔上面。不到6岁的时候,我学会了爬上塔顶,并开始没事就在水塔上面待着。学会认字以后,我会用牙齿咬着书爬上去,整个下午坐在水塔上面读书。你能相信吗,即使是现在,每次看到水塔我都还会打个寒战。水塔那么高!那时候,我会坐在边上,把脚悬吊在外面,看着下面说'喔……伊……'。"

我问:"没有人告诉你不可以上去吗?"

"没有人知道这件事。"她小声地说,似乎不想让其他人知道这个秘密。"我是个难带的孩子,至少妈妈是这么说的。她很爱我,只是我老闯祸。我痛恨周六,每到周六我就莫名其妙地感到不自在。那时候还不懂是什么原因,现在回想起来,我知道为什么我会那样了。到了周六,我一周以来做的坏事会全部被发现。妈妈是个老师,每天都很忙,没功夫注意我做的坏事。但是到了周六,她会检查我的衣服,之后就会发现一只白手套不见了,衣服弄脏了,或者洋装上的腰带被扯断了。更夸张的是,甚至会有一大堆衣服不见了。我喜欢把自己的衣服送给孤儿院。我并不知道自己是被领养的,也不知道为什么会喜欢把衣服送给孤儿院，但我就是喜欢。妈妈快被我气疯了。"

我问："你父亲呢？"

"父亲是个孩子王，他喜欢孩子，也很爱我。这真是件幸运的事，我是个需要爱的孩子，尤其是在我上学及沃伦出生之后。妈妈一直无法怀孕，快到更年期了，却忽然生下沃伦这个小天使。我有多么坏，他就有多么好。你简直可以在他的头上戴个光环了。至于学校，我最早的记忆就是被老师打，因为午睡的时候，我没办法躺着不动。我总是无法好好坐着或躺着不动。"

"我很晚才学会阅读，可是一旦学会了，我就拼命读书。《小妇人》(*Little Women*)、《秘密花园》(*The Secret Garden*)都是我爱看的书。水塔上、餐桌下，只要可以独处，我就拿本书看。我的数学成绩则一塌糊涂。老师会让一个学生发心算卡片，我总是把我的甜点留着贿赂同学，要他们把最简单的卡片发给我。我最喜欢写着'0'的卡片，比如'0+1'等于多少。如果甜点是那种没办法放在口袋里的，比如布丁，那就惨了。我连水果派都能藏起来。"

"无论发生了什么，听起来你都挺快乐的。"我说。

"我是很快乐，总是很快乐。我想这是我的天性，这真是最幸运的一件事了。即使事情总是不如意，我还是很快乐。我总能找得到乐子。有一次，二年级的时候，我打了南希，被罚站在教室角落的桌子后面。刚巧，那天早上有家长会，很多家长都会来学校参观，若是他们看到我在罚站，我应该觉得很丢脸，可结果是我完全无视他们的目光。"

卡罗琳说："我总是话太多。"但我不觉得她的话太多，我喜欢听她说她的故事，尤其是她柔和的南方口音。

"最难受的是被别人嘲弄。我总是反应强烈，我的情绪都写在脸上。如果有人对我扮鬼脸，我一定马上也对他扮鬼脸。如果有人说我的坏话，我一定马上打他。我很容易哭，每次被人欺负，我的眼泪会立刻掉下来。你也知道，孩子们最爱逗这种人，所以我一天到晚被别人逗来逗去。父亲叫我不要理会他们，可是我就是做不到。三年级时，我在操场上打了两个男孩子。那个年代女孩子是不会打架的，更何况还是和男孩子打架。妈妈简直气坏了，可是父亲却把我拉到一旁说他以我为荣。

"可怜的妈妈，常常被我气得半死。六年级时，老师实在是受不了我桌子上面堆满的废纸、嚼过的口香糖、折弯的叉子，以及摆了几天的甜点。她用好几个纸袋装起这些东西，叫我拿回家给妈妈看。妈妈又被我气得半死。

"她尽力让我成为一名淑女。我要染头发，妈妈不准，于是我就用口红涂在头发上，弄得一团糟。我总是把袜子塞在胸部垫高，可是技巧不太好。高一的时候，有一次上科学课，一只袜子竟然跑出来了。你可以想象大家的反应。

"不管怎么着，我都熬过来了。也许是阅读课外书的缘故，我的成绩不错，还上了大学。那时我觉得很意外，我的入学考试成绩非常好，其他人也很意外。甚至有人觉得我一定是作弊了。但那次我非常想要考好，我当时大概是进入了注意障碍患者偶尔会有的高度专注状态。妈妈总算有一次不生气了。我挣扎着度过了大学生活，还进了研究生院。我在研究生院不是全职学生，因为我生了孩子。后来我干脆休学回家带孩子，孩子大一些才回去读完博士学位，现在变成坐在你面前的这个女人。"

我问："你从来不知道自己有注意障碍吗？"她说："不知道。直到从研究生院毕业之后，我才自己诊断出来。你觉得我像不像患有注意障碍的人？"我说："是的，非常像。当你发现自己是注意障碍患者时，感觉如何？"

"非常轻松，有种如释重负的感觉，我的问题总算有个名字了。我以前以为自己是一个神经质的女人。坐不住,爬水塔,打架,一切都很混乱,现在这些行为一下子都有了名字。我自己诊断出来的时候,就已经知道要怎样处理自己的问题了。"

我问:"那你还来找我做什么呢?"她说:"我只经过自己的诊断,我想听听别人的意见。"我说:"听起来你的症状很像是注意障碍,我们可以做一些测试来确定一下。但你自己也可以做,而且我觉得其实你已经知道自己有注意障碍,你确定来找我没别的事吗?"

卡罗琳说自己的故事时,一口气也不停顿,可听我说完后却停了下来。她把帽子拿掉,露出宽额头、尖下巴,甩了甩淡咖啡色的头发。她身材高挑,气质优雅,很有自信,但她说的话却出乎我的意料。她轻轻地说:"我要你告诉我,我做得很好。我知道这样很幼稚,可是你无法想象这一路走来我有多辛苦。我想也许你能比较了解,因为你曾见过那么多像我一样的人。"

我说:"没有多少人能像你一样。你一直没有得到帮助,却凭着自己的直觉和坚持,克服了一切困难。卡罗琳,你做得太好了,简直令人不敢相信。你应该感到骄傲。"

她说:"谢谢,我需要从一个了解这种疾病的人口中听到这句话。"

卡罗琳的故事有其不同寻常之处,也有其典型之处。她童年的症状很典型,比如多动,追求刺激,在学校惹麻烦,情绪强烈,易冲动。她也有许多注意障碍患者的优点,比如有勇气,适应力强,有毅力,气质迷人,创造力丰富,以及智商高等。可惜当大家谈到注意障碍时,很少会提起这些优点。而令人惊异的是,她没有得到别人的帮助,自己就把这些优点发挥出来了。她没有被别人的取笑击垮,她没有对自己失去信心。没有得到治疗的注意障碍患者所面对的最大危机就

是自我贬低。无论这些人拥有什么才能，往往都发挥不出来，因为他们早已失去自信，觉得茫然，并放弃努力。卡罗琳没有放弃，最终取得了成功。

永远写不完论文的玛丽亚

玛丽亚读了我在报纸上写的一篇有关注意障碍的文章，便来找我。她说："我从来不知道有这么回事。"她坐在我办公室的沙发上，两腿交叉："我先生拿了你的文章给我看，我才开始思考这是怎么回事。"

我说："说说你自己吧。"和初诊患者会面时，我总是不知道从何处下手。标准程序是问他们的姓名、住址、遇到什么困难，可是这种程序化的谈话，反而使患者无法表达他们真正想说的，所以我通常会请他们随意说说。当然，有时候这样也会有问题，毫无头绪的一番话可能使我无法做出有效而正确的判断。

而玛丽亚反倒一下子进入了主题："我不知道自己的问题出在哪里，也许什么问题也没有。不管问题是什么，我好像一直都是这个样子。我已经41岁了，一辈子都是这个样子。我最主要的问题是无法完成任何事，也许这就是我的生活步调。我已婚，有两个小孩，一个8岁，一个11岁，带孩子花了我很多时间。我的博士学位似乎永远读不完，因为我的论文总是写不完。有时候我真想完全忘掉它。"

我问："你有没有工作？"

"有。我是说如果我想工作我随时可以有。我在图书馆工作，上下班时间很灵活。除了我的论文之外，我真正在做的事是在我们当地的健康中心成立了一家运动俱乐部，专收40岁以上的女性。我一直想写一份宣传小册子，但一直没完成。那里的管理委员会对我很有耐心，只要我能把该做的事完成，他们就会让我经营这个运动俱乐部，并只收我一点点租金。他们很希望我去，他们觉得对健康中心来说，这会是一个有影响力的宣传方式。"

"你的博士论文是……"

"是完全与运动无关的主题——英国文学。别问我这和运动有什么关联，我确信一定有关联，只是我看不出来而已。我的论文是关于尤金·奥尼尔（Eugene O'Neill）的。我在上高中的时候，读了奥尼尔的书，就爱上他了，一直到读了研究生还是这样。不过，也许没有人告诉过你，要想讨厌一个作者，最好的方法就是写一篇关于他的论文。我现在真是受够了奥尼尔，想到他就心烦。很悲哀吧？以前谈到奥尼尔，我认为他是特别的，可现在我已经完全不在乎他了。"

我问："你记得本来想写的内容吗？"她说："拜托，别逼我提起那些自传和艺术之类的东西。听起来很没创意，是不是？不过我又有一些新的想法了，至少我是这么觉得的，也许这只是个白日梦。"

"你被别的事吸引了？"

她笑了："我一辈子都在被别的事吸引。我本来要和阿瑟结婚，结果新郎变成了吉姆。我们已经结婚16年了。"我又问："你没有被别人吸引，想过要离开他吗？""没有。他是我的'锚'。我不知道他为什么一直待在我身边。其实，'锚'这个形容不正确，听起来好像他把我拉住不放。他反而是我的安定剂，没有他，我真不知道该怎么办。"

玛丽亚的活力、率真和她的故事都是很典型的注意障碍的症状。无论是在她的生活中，还是在和我的谈话中，她都很容易分心。

我继续追问："再告诉我一些。"玛丽亚问："说什么呢？你还想要知道什么？"我说："说说你的童年吧，尤其是在学校里是怎样的。"

"学校的日子时好时坏。我一直很爱看书，可是我看得非常慢。我就读的学校算是不错的，但不太有挑战性。我的成绩还好。他们总是说我的成绩还可以更好，可是我更喜欢看窗外的景色或是注意其他的学生。课程无聊透了，我一点儿兴趣也没有。"

"高中毕业顺利吗？"

"嗯，毕业了，不过成绩差点儿。我在大学时的学习成绩还不错，这就是为什么我会进研究生院，可是那大概是个错误的决定。我早该放弃了。我的问题是，我不知道自己到底是聪明还是愚笨。有时候我表现很好，有时候又很糟。有人说我天资聪慧，有人说我太迟钝。我不知道自己到底是怎么回事。"

我说："注意障碍患者有时候会像你一样，学习状况时好时坏。你小时候会多动吗？有其他行为问题吗？"

玛丽亚说："噢，没有。我是个乖女孩，我总是想讨好众人。不过即使如此，我还是不肯好好上课。我爸爸以前总是说'如果你真的想让我高兴，你就好好上课吧'。不过我从来不吵闹，我就是安安静静地躲到自己幻想的世界里。"

"你容易觉得无聊吗？"

玛丽亚回答说："当然，不过也许是我的老师都很令人无聊。我在大学的时候就不觉得无聊。"

我问："你现在的问题是什么？"玛丽亚回答："一直以来的老问题，就是我飘忽不定的个性。这一分钟我在这里，下一分钟就在别处了。我无法完成任何事。刚做的事还没做完，我就又去做别的事了，然后就忘记了原来的事情。"

第 1 章 聪明，却一事无成

我问："你怎么会爱上运动呢？"玛丽亚身材很好，一点儿也不像 41 岁，看起来至少比实际年龄年轻 10 岁。她黑头发、红嘴唇、脸色红润，看起来可以当电影明星。她会爱上运动我并不觉得奇怪。运动可以帮助注意障碍患者放松身心，保持专注。

"就自然而然地爱上了。我有个朋友约我一起去上有氧舞蹈课，起初我不肯，听起来多无聊啊。后来她说服了我，结果我竟然一跳就爱上了这种运动。我不是那种热爱运动的人，我只是喜欢跳有氧舞蹈的感觉。我也喜欢和那里的人交往。后来我开始经常去那里，上很多课，并取得了教练资格。我觉得成立运动俱乐部是个好点子，可是大概不会成功。"

我问："到目前为止，你适应得如何？"玛丽亚说："还好吧，只是我会觉得自己哪里不对劲儿。我曾经看过心理医生。那时我很想把论文写完，却觉得自己哪里被塞住了，以为他可以帮我开开窍。结果一点儿用也没有，我就不去了，现在又来找你了。"

我说："是的，该我出场了。是你先生叫你来找我的吗？""不是，这是我自己的主意。他只是把你的文章拿给我看。你认为如何？我还有希望吗？"她开玩笑似的问。我说："你在开玩笑。我猜，事实比你说的更痛苦。"

玛丽亚看着窗外说："是的，这种症状很难形容。我一直觉得自己不对劲儿，我以为再也改不掉了。然而，我有丈夫，有两个孩子，还有那么多需要我做的事情，我不能让自己想太多。如果可以好好完成一件事，那该有多好。"

我说："是的，这让你很受挫。阅读呢？你的阅读有没有困难？"玛丽亚说："如果'阅读困难'的意思是看不懂，那么我就没有阅读困难问题。但是我读得很慢，一直都很慢。如果我读到一半分了心，就不知道何时才能继续读。"

"玛丽亚，我想你可能有注意障碍。我们得做一些测试，还要再谈一谈你的经历。白日梦、阅读障碍、分心、飘忽不定的个性、不知道自己聪不聪明，都可能是注意障碍引起的。你适应得很好，找到了一些生存的方法，但是你还有很多想完成而没有完成的心愿。"

玛丽亚追问我："什么意思？我的生活还能改变吗？"我说："这个问题很难立刻回答，没试过真的不知道。不过，如果治疗有效的话，你的生活的确还能有所改变。"

结果，玛丽亚对药物治疗没有反应。药物大约对85%的成年注意障碍患者有积极作用，而对其余15%的人，出于这样或那样的原因，没有什么积极作用。有的人会有副作用，有的人不喜欢服药后的感觉，有的人根本不肯服药，也有的人像玛丽亚一样没有反应。

但是我们前面曾经提过，治疗注意障碍不只是靠药物。教育、行为改变以及心理治疗都有帮助，玛丽亚就是靠这些。

在第一阶段的疗程中，我们的重点放在她对注意障碍的了解上。随着玛丽亚对此了解的增加，她开始重新思考自我形象，比如无能的感觉以及自己的种种缺点等。

当她发现许多问题和容易分心有关时，我们开始重新组织她的时间，以便帮她保持专心。她开始利用自己的优势，比如做短期计划，保持运动，写出清单，安排日程表等。如果把一个大计划分成许多小步骤，事情就可能完成。她需要许多反馈和鼓励；她需要有一个像我一样的人做她的教练，提醒她做该做的事。

这不是传统的心理治疗，我称之为"训练"，心理治疗师则是"教练"，负责教导和鼓励。我不告诉玛丽亚该做什么，而是由她自己决定要做什么，然后我会一直提醒她。我们等于是有一个意见一致的"行动计划"。我的角色是提醒她目标是什么，防止她又被其他的事情吸引。注意障碍患者非常容易分心，需要有人监督他们埋头做事。

如此一来，治疗为她的生命提供了力量，一次又一次地把她拉回轨道。这不是精神分析式的心理治疗，不依赖患者深层心理的发展和互动，但是治疗师仍需随时准备接受和讨论患者的希望、恐惧、幻想和梦。这种训练会鼓励患者发展洞察力。要想克服分心，洞察力是最有力的一个帮手。

精神分析无论是在治疗上还是在了解人性上，都有不可磨灭的价值。对于痛苦和有精神冲突的患者，精神分析仍是最彻底的治疗方法。但是我们不建议用精神分析来治疗注意障碍患者，对于未确诊的注意障碍患者施以精神分析，将会是极受挫而无效的。只有注意障碍被确诊，并且予以治疗，精神分析才会有所助益。当然，对于具有精神冲突的注意障碍患者而言，光靠注意障碍的治疗而不做精神分析也是没有效果的。对于这种患者而言，只要他的注意障碍没有被忽视，精神分析就可以有很大的帮助。

玛丽亚开始重新看待自己，并改变生活步调。通过教育、鼓励、训练和洞察，玛丽亚的生活有了转变。她写完健康中心的宣传小册子，开始了自己的生意，她的身体状况也很好。她决定不写她的论文了，反正她从来也不想写完。很多注意障碍患者会像玛丽亚一样，维持着一件永远完不成的事，并将其作为生活的重心。这件事一直会带来痛苦和焦虑，但是仍然提供了一个重心，让他们的生活可以围绕着这件事转。玛丽亚用更有效的组织方法取代了每天的"我还没写论文，我必须写论文"。当她在真正想做的事情上尝到了成功滋味时，这件事便成为新的生活重心。更重要的是，她学会和自己合作，发挥优势，接受自己的弱点。

整天做白日梦的彭妮

彭妮五年级的老师建议她做一次心理测验，于是她的父母来找我。初诊时，她的母亲说："我不知道该怎么说，我真怕是我们做错了什么。"

我说："来看诊并不表示你做错了什么。"我提醒自己，即使是现代社会，对某些人而言，为了孩子的问题来看心理医生仍然是一件丢脸的事情。当然，这已经比40年前好多了。

我问："彭妮的问题是什么？"她的父亲说："她的功课跟不上，只是这样而已。她是个好孩子，从来不惹麻烦。"她的母亲接着说："她只是一天到晚做白日梦，她从小就爱做白日梦……"

她的父亲打岔说："告诉他那些故事。"

她的母亲举起一根手指，示意丈夫"别急"，然后继续说："她是老小。我们有4个男孩，他们都相差两岁，又过了6年我才生下彭妮。我有较多的时间带她。她比较像我，比儿子们安静，但我也爱这4个儿子。"她停了一下，望着窗外的树，好像一时间迷失了。接着她说："彭妮和我一开始就比较投缘。我养了4个男孩，都不知道女孩子要怎么养。彭妮出生后，我觉得自己有了一个伴。这并不是说我不喜欢丈夫或儿子们，只是在一屋子的男生中，有个女孩子真好。我丈夫提到的'故事'是彭妮和我编的故事。我们把这些故事叫作'远方的故事'，讲的是一群住在远方的小孩。这些故事的名字的由来是因为彭妮三岁的时候，我给她讲故事，她的眼神好像飘到了远方。我想跟着她，就说让我们去一个遥远的地方。事情就是这样开始的。"

我问："她喜欢这些故事吗？"彭妮的母亲说："嗯，她爱死了。每次她不高兴，我都可以讲个故事让她安静下来。不过，她不常常生气。"

我又问："她会不会自己编故事呢？"编故事是想象力和语言能力的表现，可以由此做一个大概的评估。

她母亲说："她比较喜欢听。我一个一个故事说下去，她就坐在那里一边摇晃，一边微笑。如果我问她问题，就知道有的内容她根本没听进去。我告诉自己，这是因为她在好远好远的地方。我也不知道我在说什么，只知道自己有这种感觉。"

我说："听起来，你们很了解她。""她是很爱听故事，可是我现在觉得她可能完全没听懂。我为什么没有早一点儿向专家求助呢？"彭妮母亲的声音开始充满懊悔，她流下了眼泪。彭妮的父亲双臂环抱着她。他们看起来又害怕又困窘。

彭妮的父亲说："我妻子的意思是，我们不知道有什么不对劲儿。彭妮是个安静的孩子，仅此而已。"我说："我明白，别太自责。你们显然很关心孩子，今天到这里来真是难为你们了，让我看看是不是可以帮得上忙。"

我开始问彭妮的病史。诊断时，最重要的是病史，而不是复杂的各种测验。听起来，彭妮自小就有语言和注意力问题。

语言问题可以有各种形态和各种程度。孩子也许是听不懂，也许是表达不出来。听不懂的孩子在表达上会有困难，因为要先听懂了，才能知道要表达什么。表达不出来的孩子在说或写方面会有困难，也可能在理解能力上会有困难。

虽然语言和学习障碍不是这本书的主题，但是我还是要提一提，许多注意障碍患者同时也具有语言和学习障碍，这会使事情更糟糕。我们也会提到其他一些问题，比如听力受损、视力不佳、口吃、癫痫、记忆力减退，它们都会引起和注意障碍相似的症状。

另外,虽然语言产生的年纪不足以判定孩子的语言能力是否有问题,但是说话早晚确实是一个线索。当然,什么年纪才算早,每个人的认知不同,必须先搞清楚对方说的早晚是什么意思。有的父母看到孩子10个月大还不会讲话就着急了,有的父母却认为三岁学会讲话是完全正常的。

我问起彭妮是否很晚才学会说话。彭妮的母亲说:"她到了22个月大才说第一个字,三岁才会说短的句子。我们的儿科医生要我多给她读些故事,所以我才编了那些故事给她听。"

我问:"她很喜欢吗?"彭妮的母亲说:"她爱死了。这令我很感动。即使她听不太懂,也会一直认真地坐在那儿,她会要我说更多的故事。如果我停下来,她会拉我的手臂说'我还要听'。"

我问:"她会玩文字游戏吗?"彭妮的母亲问:"你是指什么?"我说:"比如造押韵的词、自创新字等。"

她向前倾身,打断我的话:"她不会押韵,但是她一天到晚都自己创造新字。她想不出正确的字,就自己造个新字。比如,她想不起'机场'这个词,就用'飞机的家'代替;或者她想不起'生日礼物'这个词,就用'盒子'代替。"

我说:"你记得真清楚。她这样说的时候,你会怎样反应?"彭妮的母亲回答:"我会纠正她。我不该这样做吗?"我说:"不是,没有什么不对。我只是想了解她的情绪反应。"彭妮的母亲继续说:"她会好好重说一遍。我不希望她觉得自己很笨。"

我问:"你觉得她笨吗?"

第1章 聪明，却一事无成

彭妮的母亲认真地说："不觉得，完全不觉得。如果我觉得她笨，就不会一直纠正她了。我知道她很聪明，又想学着好好说话。我觉得她会找别的字代替不会的字，这就表示她很聪明。"

我说："你说得对。看样子她的问题可能是无法在脑子里找出正确的字来。也许她找不到正确的记忆清单，也许她记不住字，或者由记忆清单到正确地表达这个环节出了差错。"

彭妮的母亲说："听起来好复杂。"我说："是很复杂，不过这样才好。以前我们想得太简单了，只觉得一个人不是聪明就是笨。无论是天才还是白痴，都用一个非常简单的智力概念来区分。聪明或笨，就这么回事。现在我们知道智力和学习是非常复杂的。例如，研究学习问题的大师梅尔·莱文（Mel Levine）提到七种记忆，其中任何一种出了纰漏都会影响学习。我说的如何由记忆清单找出词汇的意思即在此。我是在打比方。这样说，听得懂吗？"

彭妮的母亲说："听得懂，而且我好兴奋。"我接着问："在学校呢？她在学校表现如何？"彭妮的父亲有一点儿颓丧地说："从一开始她就跟不上。"彭妮的母亲显然对丈夫重视成绩的态度不以为然，忍耐着不悦说："亲爱的，不是那么糟糕啦。她比别的孩子爱看书，虽然不见得都看得懂，可是她总要我读给她听，而且她还是很爱听那些远方的故事。"

我问："彭妮会做白日梦吗？"彭妮的母亲递给我一叠纸："这是从一年级开始彭妮所有的成绩单。老师的评语总是'发呆''害羞''不专心''经常需要提醒'等。有一个老师甚至怀疑她是不是有抑郁症，因为她总是那么安静。可是一直到现在，特鲁斯代尔老师才……"

我打了个岔："谁？"彭妮的母亲回答："特鲁斯代尔老师，她五年级时候的老师。她是第一个说彭妮可能有学习障碍或注意障碍的人。老实说，我以前根本没听过注意障碍这个词。我只知道有些男孩子会多动。可是特鲁斯代尔老师说有时候女孩子也会有注意障碍，而且不一定多动，只是不能专心。"

我说："她说的一点儿都没错。女孩子也会有注意障碍，只是很多女孩子没被诊断出来。她们就像彭妮一样，被认为是害羞或抑郁。'多动症'是旧的名称，'注意障碍'是比较新的名称，强调的是注意力的问题。"向彭妮的母亲形容症状时，我特别强调注意障碍患者往往具有极高的创造力和直觉敏感度。"在这些孩子之中，许多人具有某些优秀的特质，但是我们还没有一个名字来指代这些特质。他们的想象力和同理心特别强，即使听不懂大部分的话，也特别能理解别人的情绪和想法。重要的是，早一点儿诊断出他们的问题出在哪里，就可以尽早避免他们被贴上一堆负面标签。在得到适当的帮助后，他们真的能够表现得很好。"

我花了一点儿时间看了彭妮的成绩单。正如她母亲说的，老师写的都是与分心、健忘、爱做白日梦或有始无终之类相关的评语。这使我想到普丽西拉·韦尔（Priscilla Vail）提到这些孩子时的措辞：谜一般的孩子。

彭妮的母亲问："你要不要见一见彭妮？"我说："当然要，让我去找她好了。在诊室里单独面对医生时，孩子都会比较专心。井然有序的结构和新奇的事物都会减轻他们的症状，有时，在医生诊室里感受到的恐惧也会使孩子更加专心。这就是为什么儿科医生在做健康检查的时候，看不出孩子有没有注意障碍。症状在诊室里是不会显露出来的，而在教室里比较能看到真实状况。所以，我能去学校看她吗？"

他们同意了，并且帮我和老师约好时间。通常学校很愿意接受这样的探访，他们很配合，并且会给予很大帮助。

我安静地溜进教室，坐在一角的书架旁，孩子们正在上数学课。带我进去的老师为我指出哪个是彭妮。我尽量不直直地盯着她看,我悄悄地观察。她是个可爱的褐发女孩,绑个马尾,穿着黄裙子和一双布鞋。我猜她的座位正是她最喜欢的位置:教室最后一排,窗户旁边。

我想谈一谈学校、窗户和注意障碍之间的关系。有些人觉得教室里的窗户简直就是魔鬼的杰作,专门用来引诱学生。好学生不看窗外,坏学生则一天到晚看着窗外的蓝天,做着白日梦。

注意障碍患者确实爱看窗外,他们无法专心,他们容易分心,但是他们不是对这个世界没有感应,而是有不同的、新鲜的感应,他们经常能看到新事物或从新的角度看待旧事物。他们往往可以成为发明家、变革者、实干家。他们不会是那种规规矩矩的人。我们应该有足够的认识,不强迫他们去做他们做不到的事,不要求他们像别人一样。

看窗外又怎么样?有那么糟糕吗?这就能代表教育失败了吗?难道那些乖乖上课、从不看窗外的孩子就很有创意?

彭妮正在看着窗外。她坐在那儿,右手撑着脸颊,左手的手指无声地敲着桌子。我顺着她的目光看过去,只看到蓝天和一些树枝。没有人知道她看到了什么。

偶尔,当她听到一些声音时,会看一看黑板上越来越多的数字。今天大家正在学分数。彭妮有时候会皱皱眉头,好像看到了什么。她看起来并不在意,只是完全无法了解别人在做什么。她会把头发拂到耳后,转头继续看窗外。她不出声,不引起其他人的注意,不惹任何麻烦。我很了解为什么她的问题以前一直没有被注意到。

下课休息时，我向彭妮介绍自己。她的父母已经告诉她我会去看她。"你好，哈洛韦尔医生，妈妈说你是个好人。"她的脸上带着灿烂的笑容。

我说："你妈妈也是个好人。她还跟你说了什么吗？""好像没有。"但她的表情却好像在说："应该是说了些什么，我应该记得的，可是我忘了。"

我说："没关系，你想到操场玩吗？"彭妮说："妈妈说你可能要和我谈谈。""只聊一会儿就好。你爸妈来找我，问我能不能帮帮你。你喜欢上学吗？"彭妮热情地回答："喜欢。"我问："你喜欢什么呢？""我喜欢老师和同学，我喜欢走路来上学，喜欢坐在那里听……"

我问："你听些什么？""任何东西。大部分时间是我自己在想事情，我喜欢在脑子里编故事。妈妈和我都是这样……"我说："她告诉我了，听起来很好玩。今天早上在数学课上，你是不是就在编故事？"她说："对，我想象一群长得像6的老爷爷和一群长得像9的老奶奶去跳舞，它们跳舞的时候就变成8了。"我说："太棒了。你觉得这些8会变回6和9吗？"她扯着马尾辫上的橡皮筋说："也许会，我本来要让它们躺下来变成望远镜，这样就可以看得很远。"

我说："一直看到远方。"她很害羞地答道："对。""那你在学校不喜欢什么呢？"彭妮低头看自己的布鞋："我功课跟不上，作业也不会写。""也许我们可以找到一些方法帮你。我猜快要上课了，也许我们应该找个不上课的时间再见面。"彭妮说："好，可是你得问我妈妈，是她在帮我安排时间。"

我说："当然。很高兴认识你，彭妮，再见。"

彭妮的老师特鲁斯代尔，刚刚完成教师实习，对注意障碍和学习障碍非常了解。她跟我说："真高兴你能来。我刚刚没在课堂上叫彭妮，是想让你有机会观察她平常的表现。彭妮其实是很聪明的。"

我说：“嗯，而且似乎很快乐。"我听出特鲁斯代尔老师的口音中似乎带有一点儿南方腔调。我自己的注意障碍特质立刻发酵，也不管时机合适不合适，便冲动地问：“你是南方人吗？"

特鲁斯代尔老师并没在意我忽然换了话题：“是的，我在南部南卡罗来纳州的查尔斯顿长大，后来跟着父母搬到北部的缅因州。"

"变化还真大。"

"没错。那你呢？"

我说：“我小时候在查尔斯顿住过几年。"顿了一下，我问：“你认识彭妮多久了？"

"这学期开学以来，也才6周而已，还不够了解她，但我很喜欢她。她像一个小艺术家，坐在教室后排做白日梦。"

我问：“你认为她抑郁吗？"

特鲁斯代尔老师笑了：“才不呢。一跟她讲话，她就光彩照人了。大家都喜欢她，即使她发呆，别人也不会笑她。好像大家都接受了她就是这个样子。"

我问：“你最担心她的是什么？"

她不假思索地说：“她跟不上学习进度。我怕她会越来越落后，以后问题会太大。她在我班上有很多东西听不懂，她会试着补起来，可是我知道她可以学得更多。"

我们一直谈到上课铃响，我谢谢她的帮忙，道别时答应再联络。

我的心里浮起一长串可能的原因。我又见了彭妮一次，也和她的父母会了一次面,并给彭妮做了一些神经心理测验。结果发现她有非多动型的注意障碍以及语言上的接收和表达障碍。

注意障碍和近视一样影响学习,孩子会因为不能集中注意力而无法发挥潜力。治疗的第一步就是"配眼镜",即治疗分心,然后才能知道剩下的困难有多大。

彭妮的父母本来以为是她的个性使然,是无法改变的。现在找出了原因,并贴上了医学标签,这是很令他们振奋的。大家都接受现实后,我们开始采用药物治疗。虽然药物无法解决所有问题,但在彭妮的治疗中,药物的疗效很惊人。

治疗注意障碍的药物有好几种,这些药物都可以帮助患者更好地保持专注。它们就像隐形眼镜,能帮助大脑接收到更清楚的信息,并消除不重要的杂音。

我选了地昔帕明(Norpramin)给彭妮服用。这是一种三环类抗抑郁药,不仅被用来治疗抑郁症,也被用来治疗注意障碍。此外,最常用的药物是一些兴奋剂,如利他林(Ritalin)和右旋苯丙胺(Dexedrine),只要谨慎使用,两者均很安全有效。我选地昔帕明是因为彭妮一天只需要服用一次,不像兴奋剂一天要服用两三次。

彭妮开始服药几天后,她的父母和老师都给我打电话,表示很惊讶。她在课堂上可以全神贯注,能够专注于手头的事情,并积极参与学习。最重要的是,她从来没有这么喜欢上学过,她开始喜欢学习。对彭妮而言,这种药物唯一的副作用是像普通感冒药一样,会引起轻微的口干(三环类抗抑郁药会阻挠神经传导,因而影响唾液的分泌)。这是可以忍受的,通过含糖可以改善口干。她想做白日梦的时候，还是可以神游。药物并没有剥夺她任何原有的能力。

虽然我们才刚开始治疗彭妮，但这是最令人感动的一刻。正如彭妮的母亲说的："这好像是把彭妮眼前的面纱拿掉了。她看得到我们，我们也看得到她。她还是爱做梦，可是现在她是想做梦才做梦。"

**分心的
真相**

- 分心不是人格的一部分，顺其自然的态度是不对的。
- 有分心问题的人通常很聪明，他们精力充沛，直觉敏锐，创造力丰富，但无法在任何一件事情上持续专心。他们不断地经历着失败、被误解以及其他情绪上的打击，所以他们往往遭遇低自尊的问题。
- 注意障碍不只会影响患者的学习和工作，也会对他们的人际交往造成困扰。

第 2 章

他不是懒孩子

分心的孩子常常被误认为是懒惰、叛逆的坏孩子,他们的自尊心会受到严重损害。而诊断得越早,痛苦就可以越早结束。

人们首先注意到，有分心问题的通常是孩子，但并不知道这种问题会持续到成年阶段。现在在儿童发展领域，我们对注意障碍有了更多了解，根据保守估计，有 5% 的学生患有注意障碍，但是普通人对此的了解仍然有限，这令那些患有注意障碍的孩子无法得到应有的诊治。注意障碍的特征是：分心、冲动、活动力强，这些都被视为儿童的特质，人们不会想到要给孩子做测试。大人会觉得"他还是个孩子"。除非这个大人已经知道注意障碍是怎么回事，否则他不会了解孩子的问题出在哪儿。

我们如何分辨正常的儿童行为和注意障碍的症状呢？如何知道孩子的情绪问题是注意障碍引起的呢？我们必须仔细了解患者的病史，依此诊断。

有一些心理测验可供诊断。韦氏儿童智力量表（Wechsler Intelligence Scale for Children）就是一种测验工具。典型的注意障碍患者在数字广度、算术和编码方面的能力较弱，在语言和行为表现两方面的成绩也会与正常儿童有较大的差距。其他还有一些针对注意力和冲动的测验，但是我必须强调的是，没有一个测验是专门针对注意障碍的。到目前为止，从孩子、家长和老师那里搜集到的患者病史仍是最有效的参考资料。

正常和不正常的界限并不清晰，我们必须将每个孩子和他的同龄人相比较。如果他明显比其他学生更容易分心，更冲动，更静不下来，且又找不出任何原因，比如不存在糟糕的家庭环境、药物上瘾、抑郁症或其他医学问题，那么他极可能是个注意障碍患者。当然，有经验的专业人士才能下这样的诊断。

任何诊断都有可能过犹不及。有的孩子注意力不足，却没有被诊断出来，有的孩子则可能被误诊为注意障碍患者。此外，并不是每一位老师、医生、心理学者都知道注意障碍。

如果只依赖心理测验做判断，即使是知道注意障碍的专家也可能诊断错误。虽然心理测验是有帮助的，却不能代表一切。分心的孩子在心理测验中不一定会显露出注意力不集中的问题。这是因为测验时的种种状况，比如新奇感、结构性和动机，会暂时"治愈"分心。孩子在一对一的测试情境中比较能够专心，因为对他来说，一切都那么新奇，因此他的注意力特别集中，加之他很想"好好表现"，所以他的分心完全被压制下去了。这就是为什么其他的资料，比如老师和家长的长期观察更重要。

为什么有的孩子会被误诊为注意障碍患者呢？因为其他的原因也可能引起相似的症状，比如甲状腺功能亢进症。我们必须仔细评估各种数据，有时必须做一些医学检查才能确定。

除了确保没有其他疾病导致相关症状外，我们仍须记住，注意障碍不是一个绝对的状况，而是一个相对的状况。**我们不只要看症状，也要看症状的严重性和持续性。**每个孩子多多少少会有不专心、冲动和静不下来的时候，但是绝大部分孩子不是注意障碍患者。我们必须要小心谨慎，不要轻易给孩子贴上错误的标签。

至于那些确实患有注意障碍的孩子，则越早诊断越好，否则长期受到误解，被认为懒惰、叛逆、古怪或恶劣，他们的自尊心会受到严重伤害。未被诊断出来的孩子以及他们的家人则过着充满了挣扎、指责、罪恶感、悔恨、成绩差和悲伤的生活。诊断得越早，这些痛苦就可以越早结束。虽然诊断和治疗并不能解决全部问题，但是至少可以使大家了解为什么注意障碍患者会有这些困难。

我们都希望孩子有足够的信心和自尊心面对生活。毫无疑问，孩子每天的经历会互相交织，影响他的信心和自尊心。如果他的生活充满了羞辱、失败，那么他就很难建立自信。我们应该尽一切力量，使孩子的生活充满成功、信心以及被公平对待的感觉。尽早了解孩子有哪些学习困难，更有助于我们协助他获得成功。

自古以来，许多伟大的人物都曾有过各种学习障碍，最后仍然成功了。虽然我们无法确定，但是莫扎特就很可能有注意障碍。他是个极无耐性、冲动、不专心、精力充沛、有创意、不重视世俗之事、特立独行的怪人。"结构"是治疗注意障碍的良药，看看莫扎特在乐理结构上的表现吧，结构抓得住这些到处神游的天才们。事实上，许多注意障碍患者以及学习障碍患者，都具有一些我们不知道如何形容的优秀特质，我们只能称之为"特别潜力"。如果这个潜力被发掘出来，结果往往异常亮丽。爱因斯坦、爱伦·坡、萧伯纳、达利都被学校开除过，爱迪生则是班中学习成绩最差的一名。美国总统林肯和汽车大王福特的老师都曾说他们毫无希望。小说家欧文高中时，因为学习障碍，差点儿退学。这样的天才还有很多。许多人在学校表现得一塌糊涂，成年之后却能非常成功。可惜的是，更多的人因为学习障碍没有被诊断出来，没有得到支持，导致成年后一败涂地，他们的潜力始终无法发挥出来。

疯狂的麦卡锡

现在让我们看一看麦卡锡的故事。

麦卡锡出生时，母亲西尔维娅高兴地哭了。她已经有两个女儿，特别希望能有个儿子。麦卡锡的父亲帕特里克用手指在麦卡锡的额头上画着圈圈说："他长得像我爸爸。"

"傻瓜，这么小怎么看得出来？"帕特里克说："我就是这么觉得的。"帕特里克的父亲是波士顿有名的律师，麦卡锡的名字就是沿用爷爷的。帕特里克极崇拜自己的父亲。渊博的学识、正直的个性，加上饮酒豪爽的作风，使老麦卡锡成为传奇人物。当帕特里克看着孩子时，他似乎看到了父亲的影子。头大代表聪明，婴儿眼中闪烁的光芒代表活力，而正直的个性可以通过严格的训练习得。现在只是个小婴儿，但是小麦卡锡将来一定会成为伟大的人。

西尔维娅的喜悦比较单纯一些。她也想过这个孩子的未来，就像对两个女儿一样，她希望儿子拥有她成长中所没有的机会。她的家庭因精神疾病、抑郁症、酗酒问题而破裂。她靠打工读完法学院，现在一边当兼职律师，一边带三个孩子。她和自己的家人早已失去联络，这使她很悲伤。她看着怀里的小麦卡锡，心想：我们会好好地爱护你，漂亮的孩子。

麦卡锡小时候从来不喜欢独处，他很合群，很活跃。会走路之后，他的动作之快，简直让大人束手无策。虽然他非常可爱，但是照顾他很辛苦。一个保姆照看了他一整晚之后，生气地对西尔维娅说："你的孩子太费神了。"

4岁时，小麦卡锡已经有了"疯狂麦卡锡"的绰号。保姆对他的父母说："要我怎么说呢？他实在很热心。"

帕特里克忘了周围都是玩具熊、小兔子、故事书，而不是文件夹，他严肃地说:"你可以直截了当地说。"

"他喜欢做很多事,总是到处跑。他刚开始做一件事,又马上开始做另外一件事。他很讨人喜欢,可是他也是个大麻烦。"

从幼儿园开车回家的路上,帕特里克说:"老师的意思是麦卡锡被宠坏了。"西尔维娅:"不是这样,他只是比较调皮,像你小时候一样。"帕特里克反驳道:"我才不调皮。我是很守规矩的。规矩,麦卡锡需要规矩。"西尔维娅说:"他才4岁,你就不能让他当个孩子吗?""我只是不想他被宠坏了。"西尔维娅说:"哦,你是说,这都是我宠出来的?"帕特里克说:"我可没这么说。""你是没说出来,可是我在家的时间比你多一倍,你觉得养孩子主要是我的责任。可是,帕特里克,男孩子更需要爸爸。"

"啊,所以现在是我的错啦!"两个人都气得不说话了。

6岁时,麦卡锡进了私立小学读一年级。本来一切都还好,可是有一天大家正在上美术课时,麦卡锡突然拿起一罐颜料摔在地上,把自己的作品踢到教室另一端,并开始打自己的脸。老师把他带走,留下助教陪其他的孩子。

老师问他:"怎么了?""我做的东西总是坏掉。"说着,麦卡锡的眼泪开始流下来。老师说:"没有啊,你的作品看起来很好呢。"麦卡锡说:"才不是,我做得好差劲。""麦卡锡,我们在学校不可以这样。"麦卡锡很伤心地说:"我知道,我需要更守规矩。"

后来,老师建议给麦卡锡做一些测验,但是只是一些智力测验。他的智商很高,但是语言和行为表现之间有10分的差距。他的父亲说:"你看,他很聪明,只是需要管教。"

低年级时,麦卡锡成绩不错,但成绩单上老师的评语却很令人担心:"无论我怎么努力,麦卡锡都无法专心;虽然他不是故意的,但是麦卡锡总是造成干扰;他的社交技巧很差;他很聪明,但是一直做白日梦。"

麦卡锡觉得非常迷惘。他试着听话,比如坐着不动,专心,手不乱放,可总是做不到。他总是惹上麻烦。他讨厌"疯狂麦卡锡"的绰号,但是每次抱怨时,他的姐姐们都会取笑他,他总会气得追着打她们,然后就不了了之。他简直不知道该怎么办。

有一天,他的父亲说:"我真不知道该拿你怎么办。"

"你为什么不把我像汽车一样送回原厂?也许他们也有《儿童柠檬法案》。"他听父母谈论过许多次,知道《柠檬法案》①是怎么回事。

他的父亲试着拥抱他说:"噢,麦卡锡,我们不会把你送回原厂,我们爱你。"

麦卡锡不让父亲抱:"那为什么你跟妈妈说,家里所有的问题都是因我而起?"

"我从来没这么说过,麦卡锡。"

麦卡锡轻声地说:"你有。"

"如果我说过,我也不是那个意思。我们需要给你拟一个行动计划,就像我们看到足球比赛里用的行动计划一样。我们得有个什么样的行动计划,才能帮你解决问题呢?"

"你自己说的,教练负责想行动计划,想得不好就会被炒鱿鱼。在我们家

---

① 在美国,有问题的货品俗称"柠檬"。美国有一条关于汽车买卖的法律叫《柠檬法案》。买了新车之后,一年之内发生故障均可送回原厂免费修理,同样的问题修了三次仍修不好,可免费换机件。——译者注

里，你和妈妈就是教练，对不对？"

"是的，可是我们不能被炒鱿鱼。我们需要你帮忙解决问题。"

麦卡锡说："我会更努力。"他当时9岁。那晚，他在纸上写下"我宁可死掉"，然后把纸揉烂丢到了垃圾桶里。

麦卡锡的生活倒也不是处处不对劲。他的二年级老师就说过："他真是充满活力。"别的老师也说过他真是可爱极了。他很聪明，又有好奇心。他可以把电话亭变成游乐场，把电话簿变成小说。他的父亲认为麦卡锡是他认识的人当中最有创造力的，他只希望可以帮助麦卡锡控制住自己的创造力。

麦卡锡就是无法守规矩、听话、坐好、举手发言，而且他根本不知道自己为什么做不到。因为找不出原因，他开始相信最糟糕的解释：他是个坏孩子，没脑筋，不乖，没用。当他问母亲什么是"功能障碍"（functional retard）时，母亲问他在哪里听到的这个词。

麦卡锡撒了个谎："我在书上看到的。"

他的母亲问："什么书？"

"就是一本书嘛，是哪一本书有什么关系？你以为我会记得这种事啊？"

"不是，麦卡锡，我只是想也许有人这样说你，你不愿意告诉我。"她一说完就发现自己说错了话，后悔不已。"麦卡锡，那不代表什么。"她赶快加上一句，并且试着抱抱他。

他说："放开我。"

"麦卡锡，那真的不代表什么。那么说的人是笨蛋。"

"像是爸爸？"麦卡锡眼里充满泪水地问。

到了六年级，麦卡锡的成绩变得不稳定。有时候是全班第一名，有时候差点儿不及格。一位老师问他："为什么你一下子表现得比任何人都好，一下子又好像没来上过课呢？"

麦卡锡苦着一张脸说："我也不知道，我的脑子大概有问题吧。"他早已习惯别人问他这种问题了。

老师说："你的脑子很好呀！"

麦卡锡像个哲学家似的说："脑子只是脑子，好人却很难碰到。"

老师听了这样老气横秋的话，愣住了。麦卡锡感觉到老师的惊讶，立刻说："不用想了解我，我只是需要管教而已，我会更努力的。"

后来，在家长会上，有一位老师说："看麦卡锡坐在椅子上好像在看一场芭蕾舞。一条腿伸出来，然后一只手弯过去，脚抬起来，头却不见了。通常这时会听到一声巨响，然后听到他的诅咒。他对自己这么严格，我都不好意思再骂他了。"

麦卡锡的父母听了，只能叹气，心里觉得自责。虽然麦卡锡已经对自己失望透了，但他的勇气和自尊使他不肯和任何人谈这件事。不过，他会自言自语，有时甚至会自己打自己。他会说："你是个坏、坏、坏孩子。为什么你不改变一下呢？"然后他会列一张自我改进的单子，上面写着用功、坐好、准时交作业、不要做任何让爸妈担心的事和手不要乱动等内容。

他们一家都是天主教徒。麦卡锡有时也和上帝说话："你为什么要把我造得这么不同呢？"

第 2 章　他不是懒孩子

有时候，没有人打扰他，他的脑子里会进行着各种活动，由一个想法跳到另一个想法，由一个意象跳到另一个意象。时间过得飞快，他却没有感觉到。他一个人读书的时候常常这样。他从第一页开始读，到了第三页时已经神游物外，不是在月球漫步，就是在踢足球。白日梦可以一直做下去，他的视线始终停留在第三页。这是他最快乐的时候，但这也使他很难完成功课。

麦卡锡有朋友，却常常把他们惹火，因为他们觉得麦卡锡很自私。随着年龄的增长，他发现自己很难跟大家聊天，于是他坐在座位上发呆。他的朋友会说："嘿，麦卡锡，你怎么了？"

因为他个性爽朗，他早已学会伪装；也因为他实在是太聪明了，他始终不至于一败涂地。

到了高三，他的家人已经习惯了"疯狂麦卡锡"。他也不再抗议，反而和别人一起取笑自己，故意跌倒或者指着自己说"疯子"。他的母亲把他的房间移到了地下室。她说："眼不见为净。既然你都不收拾屋子，我们至少可以把你放在看不到的地方。"而麦卡锡一点儿也不在乎。

他的父亲早已放弃了当年在他额头上画圈圈时的期望，他只希望麦卡锡能在这个现实世界生存下去，并希望他能找到自己的位置，在那里他的冲动和不负责任不至于让他被炒鱿鱼，他的创意和善良不至于被忽视。他的母亲视他为脱轨天才，有时候她会极端自责，认为自己没有把儿子教好。但是养大了三个孩子，在事业上做了那么多牺牲之后，她尽量不责怪自己。她觉得这个家没有被麦卡锡的问题拖垮已是万幸了。

麦卡锡进了高中之后，受到的刺激更多了，比较安静的时期也随之结束。

他感到一股内在的躁动必须发泄。他开始投入到运动中，他迷上了长跑和摔跤。他谈到"长跑痛苦中的快乐"和精神解脱，谈到长跑最后冲刺所感受到的"绝对的心灵净化"。他还是个非常优秀的摔跤选手。他最擅长在比赛开始时,猛然从对手的掌控中挣脱出来。总算有一个地方,他可以疯狂一下而不会被责备,他可以释放全部的精力,可以不再压抑,可以不用规规矩矩。摔跤的时候,他是自由的。他也喜欢为了比赛保持体重。"我当然恨节食,可是我也爱节食。保持固定体重使我有一个目标,专心在一件事上。"

运动之外,他也开始尝试一些危险行为。他开始尝试毒品,尤其是可卡因,因为可卡因能使他冷静,能够让他专心。他总是很忙,他的女朋友多得连自己也弄不清楚。这一切使他根本没时间念书。他会毫无准备地去参加考试,希望蒙混过关。这个伎俩在小学时还管用,到了高中就行不通了。

他也知道自己身处危险边缘。一天,麦卡锡出门前对母亲说:"妈妈,你知道吗?我是枚定时炸弹。"

他的母亲以为他在开玩笑,笑着说:"至少你不是个哑弹。"他们都习惯了拿麦卡锡的事情开玩笑。他们不是没有感情,而是不知道该怎么办才好。

之后,什么事都有可能发生,也可能什么事都不会发生。很多成人像麦卡锡一样,但仍然可以生存。他们的生活很疯狂,在高度刺激和高成就之外,随时可能瓦解崩溃。

幸运的是,麦卡锡在整个人崩溃前,先跌了一跤。让他失败的因素有很多,比如学业失败、吸毒、酗酒、冒险,一切都有可能,而结果却是他在摔跤比赛中出了问题。为了达到比赛的体重标准,他不顾一切地节食,最后因为严重脱水而昏倒在地下室。住院时,医生觉得他有严重的心理问题。

诊断过程中,神经心理测验发现,麦卡锡除了智商非常高以外,还有很多其他的特别现象。他显然有注意障碍。他的自尊心极低，并且不断有抑郁的意象出现在他的投射测验中。他看起来很愉快，其实他的内心正如一位心理医生形容的："充满混乱和冲动，四周被沮丧和绝望包围着。"

心理医生和麦卡锡及他的父母会谈时，他的母亲哭了。麦卡锡轻轻地说："不是你的错。"他的父亲咳了一下。麦卡锡说："也不是你的错，爸爸。"

心理医生说："这不是任何人的错。"他开始解释到底是什么造成了这一切。

他的母亲说："如果只是注意力的问题，为什么我们没早点发现？我觉得好自责。"

心理医生说："这本来就很难察觉，尤其是聪明的孩子。"

麦卡锡越听越觉得有道理。他对自己的状况一直有一种模模糊糊的感觉，只是说不上是什么。现在这种感觉有了名字。麦卡锡说："仅仅是知道我的问题有个名称对我就很有帮助了。"他的父亲说："总比叫你'疯狂麦卡锡'好多了。我想接下来我们都会有一些负罪感需要面对。"

心理医生说："好消息是，我们现在知道怎样帮助麦卡锡了。这不是个简单的过程，可是生活一定会比以前好很多。"

注意障碍的心理疗法

在麦卡锡的故事里，有几点值得我们注意。首先，他的家庭算是稳定的。注意障碍不是任何人的错，对此我们一定要有正确的认识。不当的教育方式会使注意障碍的状况更糟，但并不是其成因。我们不确定是什么原因导致的，有证据显示很可能是遗传因素，但可以肯定的是，这不是因为父母不称职。

麦卡锡的高智商使别人很难发现他有注意障碍。当一个孩子很聪明，成绩又很好时，我们往往不会想到他可能有注意障碍。这是一个错误观念。许多聪明的孩子有注意障碍，这些孩子如果没有被诊断出来，他们的聪明会使他们惹上更多麻烦，错过好好学习的机会。

另外一点是，患有注意障碍并不等于宣告人生无望。诊断之后，有的孩子或家长会误以为注意障碍是在用花哨的医学语言告诉他们，这个孩子很笨。注意障碍患者常有一种心态，就是觉得自己有缺陷，因此老师和家长必须给孩子做好心理建设。虽然有注意障碍并不是一件值得庆祝的事，但也不是令人绝望的事。只要治疗得当，他们可以充分发挥他们的长处和潜力。

麦卡锡的故事也提醒我们，注意障碍的原发性和次发性症状不同。原发性症状指的是注意障碍本来有的症状：分心、冲动、静不下来。次发性症状是最难治疗的，它是注意障碍引起的连锁反应：低自尊、沮丧、无聊、挫折、惧怕学习新事物、人际关系不好、滥用药物或酗酒、偷窃，甚至因为长期的挫折而有暴力行为。发现越晚，次发性问题越严重。许多成人有注意障碍却不自知，他们对自己进行各种负面评价。他们可能很没耐性，静不下来，易冲动，直觉强，有创意，有始无终，以及无法维持长久的亲密关系等。他们通常自小就有低自尊问题。越早诊断出来，这些次发性症状会越轻，也越能早日开始学习如何和自己相处，不至于被贴上各种标签。

由麦卡锡的故事，我们可以看到各种症状都是渐渐形成的，就像一个人的个性和认知能力也是渐渐形成的一样。注意障碍的症状不会一直保持不变，它的影响也不会一直保持不变。只要注意障碍仍未被诊断出来，每一个发展阶段都可能会有不必要的困难。即使诊断出来了，困难也是难免的，只是我们现在知道问题出在哪里。

我们多数时候都在谈注意障碍对学习的影响，其实它对人际关系的影响也不容忽视。麦卡锡的朋友感到他和大家格格不入，认为这是他太以自我为中心的缘故。成人往往也会误解孩子的这种情绪。注意障碍患者通常不会注意到别人的细微表情或暗示，因此不容易与人相处。其实他们只是弄不清楚状况而已，他们越搞不清楚状况就越容易因受挫而生气，或者他们越不与人来往，从而导致人际关系越来越糟糕。人际问题和学习问题一样，长期下去都会影响一个人的生活能力。

麦卡锡所面对的家庭问题确实很严重，这是注意障碍患者的主要痛苦来源之一。注意障碍儿童往往成为家庭纠纷和婚姻问题的根源，家长的愤怒和沮丧使他们不光对孩子，也对伴侣大发雷霆，很快，这个孩子会成为所有家庭问题的替罪羊。这种情形在学校里也会出现，两三个注意障碍儿童就可以把快乐的教室变成战场，把善良的好老师折磨得疲惫不堪。注意障碍绝对不是个人问题，它会影响整个家庭以及学校班级的和谐。

下面的例子讲的就是一个家庭的故事。

特雷莎和马特是一对没有生育的夫妻。特雷莎是儿科护士，在医院认识了戴维和丹尼这对双胞胎兄弟。特雷莎说："他们当时三岁，是儿科的住院患者，那是我第一次接触他们。他们的确发育不良，不过他们是因为社会问题住院的。在急诊室就看得出来，他们的母亲无法照顾他们。他们在医院待了三个半月。我每天都会看到他们，他们并不健康，可是每天还是到处乱跑，他们非常渴望受人关注。只要有人注意他们，他们就会喜欢这个人。当我去看他们的时候，他们会兴奋地爬到我身上。"

在领养和寄养的孩子中，注意障碍儿童特别多。有的人认为注意障碍儿童的父母有可能酗酒或吸毒，这样的人比较容易抛弃他们的孩子或者是被政府剥夺抚养权。

总之，戴维和丹尼被寄养在特雷莎和马特家里。在和社会服务部交涉很久之后，特雷莎和马特收养了这对双胞胎。可是许多问题也随之而来，戴维和丹尼野性难驯，他们总是动个不停，乱吃东西，无法像同龄孩子一样正常和人说话。特雷莎从一开始就觉得他们不对劲，只是不知道问题出在哪儿。当然，有部分原因是他们三岁之前没有稳定的家庭生活，连基本的饮食营养都得不到保障。我们不知道他们三岁之前的生活对他们的神经系统造成了多少损害。

即使他们在新家庭中身心得到了充分的安顿，仍然有许多问题。特雷莎说："他们有行为问题，几乎要被幼儿园劝退，因为老师不知道拿他们怎么办。他们精力充沛，冲动，不肯睡午觉，想要什么就拿什么，想做什么就做什么。在外面的时候，如果他们想爬到两米高的杆子上跳下来，虽然他们才 4 岁，他们也绝不会犹豫。他们对自己的行为完全没有控制力。带他们去看心理医生时，医生建议送他们去特殊学校，以便处理他们的'情绪问题'。"

接下来的几年，这两个孩子在一家特殊幼儿园接受治疗。园方认为，因为是被生母"抛弃"的孩子，他们潜意识中压抑了许多感情，因此才有这些行为问题。特雷莎对这个诊断极不认同，但是因为社会服务部的要求，她仍然继续让他们接受治疗。当时她还没有正式收养这两个孩子，必须听从社会服务部，否则孩子就会被领走。

上了这个特殊幼儿园之后，两个孩子的情况并未改善。正如特雷莎说的："学校有好几个老师，可是他们似乎什么也没学会，我还得另外请家教。现在他们都快 8 岁了，还不认识数字。我以为他们在学校里可以学点东西，可是我发现他们根本没有学阅读、写字或算术。他们每天只花 15 分钟学这些东西，其他时间都在做心理治疗。心理治疗就是一群小孩子坐成一圈，讨论大家的问题是什么。如果你不讨论自己的问题，你就得罚坐；如果你不说意见，你也得罚坐。罚坐就是你得坐在一个大人的腿上。如果你反抗，不肯坐在他们腿上，就会有两个大人抓住你，直到你可以'控制自己'为止。"

"戴维和丹尼就是那种不肯控制自己的孩子。大人越是这样限制他们，戴维和丹尼就越反抗。他们回家会说今天谁又流鼻血了，因为老师抓住他的时候，他的脸撞到地上。戴维和丹尼常常被抓住压在地上，一个人抓手，一个人抓脚。一年之后，他们比我还清楚怎样抓住一个失控的人，我在儿科做了那么久都没他们厉害。他们完全知道怎样使力，怎样使人动弹不得。毫无疑问，他们常常被这样抓着。"

我问她，是不是因为他们不肯谈自己的问题，才被限制行动。

特雷沙回答："因为他们不肯谈自己的问题，或者不肯参与别人的讨论，或是在团体治疗的时候嬉闹，或是看窗外，或是站起来走动。丹尼总是好动一些，会影响到别人，他倒不会随便乱说话，而是自己做自己的事，比如倒立。他有好几年都一直喜欢倒立。

"老师就是这样对待他们两个的，总是问他们为什么不肯谈他们的生母，要他们谈谈生母抛弃他们这件事。老师一直反复提到'抛弃'这个词。我和马特通常会告诉他们实际的情况：他们的生母精神状态不佳，无法照顾他们。当然，我没有说得这么直接，我会说他们的生母有一些困难，没办法亲自照顾他们。她爱他们，她想要他们，她还努力争取过他们的抚养权，但她还是无法亲自照顾他们。而学校却一直在制造对立的信息，一直给他们强化妈妈不想要孩子的印象。我向学校抗议，告诉学校这样做是不对的，不应该这么说他们亲生母亲的坏话，而且这根本不是真的。可是学校却一再坚持他们的做法。

"学校觉得两兄弟需要更多治疗。根据心理测验结果，他们建议让丹尼读四级学校。四级学校就是公立学校中用法律所允许的最严格的方法管理孩子的那种学校。他们也建议让戴维读五级学校，这种学校是比精神病院再轻一级的学校。除了情绪问题之外，他们仍然没有诊断出其他问题。他们只会说丹尼和戴维没有任何希望。学校觉得他们的智商低，加上痛苦的童年经历，因此他们不可能有任何进步了。"

特雷莎和马特都不相信学校的话。争取了很久之后，他们终于得到社会服务部的许可，把两个孩子转到一所普通的公立学校。这所学校里有一位学习问题专家，他建议他们检查一下，看看这两个孩子是否有注意障碍。

有时候，寻求其他专家的意见是必要的。 丹尼和戴维以前的学校里都有一流的心理专家，他们觉得孩子的问题来自情感创伤引发的行为异常。这也没有错，只是一旦意见形成，再要修正就很难。诊断之后，有些专家会只从某种角度看事情，家长必须寻求其他专家的意见，以免误诊。

特雷莎和马特听了学习问题专家的建议，让孩子接受测试，发现两个孩子都有严重的注意障碍。他们以前接受的那种治疗，是针对潜意识冲突而设计的，对注意障碍儿童不但无益，甚至有害。

特雷莎继续说："我们9月带他们来你这里。我觉得管不了他们了。在家里，我根本无法保证他们的安全，意外太多了。我记得某天有客人来家里，丹尼在客人面前一直翻跟头，翻了一个半小时。我没放在心上，因为他平常就是这样。客人是个护士，她说：'特雷莎，你知道吗，我没有恶意，可是你不觉得丹尼一直翻跟头很奇怪吗？'我说：'是很奇怪，可是他就是这样呀，他就是活动量很大。'

"可是总这样是真的很危险。他们可能会互相伤害，迟早有一个要受伤。我决定试试其他方法。我让他们自由发展了一年……

"我带他们来你这里，给他们服药。大概是开始服用利他林两周到一个月之后，他们的转变很惊人。老师吓了一跳，这两个破坏力极强的孩子，竟然能乖乖地坐在那里上课。戴维以前坐不到5分钟就会把桌子弄倒，现在都不会了。

"他们现在都在普通班级，加上资源教室的补救教学，他们还是有问题，可是其他孩子也有自己的问题。他们不会总是规规矩矩的，我猜他们永远不可能像同龄孩子那么成熟，无论是生理上还是心理上，他们大概总是会落后一些，因为他们一开始就比别人差。可是没关系，这个我们能处理。

"他们现在念四年级了。他们在两年里完成了四年的学业。人家说他们不可能有出息，认为他们不可能念普通学校，结果他们在两年里念到了四年级。他们上一张成绩单上每一科都及格了。戴维这学期偶尔打过架，但是老师们都觉得他们很聪明，同学们也很喜欢他们。他们过得不错。这是一家很严格的学校。老师说只有丹尼和戴维是新学生，别人都是一年级就入学的，互相认识有四到六年之久了。

"丹尼和戴维在一年半前开始学钢琴。钢琴老师说他们两个都比她期待的程度至少成熟了6岁，丹尼的成熟程度甚至已经相当于高中生了。他们听的、弹的都是巴赫、贝多芬、莫扎特、柴可夫斯基等这些名人的伟大作品。他们非常有才华，他们也学习跆拳道，学了三四年，去年两个人都得了奖。跆拳道教会他们专心、遵守纪律，以及各种他们需要的东西。

"他们的体育非常好，只要他们想学，任何运动都学得很好。他们俩在学芭蕾舞，已经上台表演过。他们学踢踏舞，也上台表演过。整个学校只有他们两个男孩表演。马特和我没有逼他们学这些东西。我们谈过很多次，我们认为他们学得太多了。除了学这些之外，他们每天还练三四小时的空手道，还学体操。他们被视为体操天才。他们还踢足球，我曾让他们不要再踢足球了，他们的教练非常失望，因为他们是队中的明星球员。我跟他们说：'你们有太多功课和太多练习，你们不能什么都做。'他们很伤心，不肯丢掉任何一个爱好。我们光是为了缴这些学费就快要破产了！可是他们不肯放弃任何一样活动。丹尼以前觉得芭蕾舞是女孩子的舞蹈，但是现在他爱芭蕾舞，已经对上台表演迫不及待了。他们的跆拳道练习对跳舞也有帮助，他们的身体柔韧性非常好。

"我很担心……我担心自己对他们的要求太多，担心他们这样做是为了讨好我。可是他们就是不肯放弃任何一个爱好。我真希望他们能少学几样东西，我希望能省点钱！我们每个月要在这些活动上花 1 000 美元，这还不包括比赛和制服呢。

"可是这一切都值得，他们需要发泄精力。我们希望他们为青春期做好准备。我们努力不让他们交上坏朋友。我很担心，丹尼还是非常冲动，说不定他会闹出什么事。

"这两个孩子……如果一开始我们就知道怎么帮助他们，说不定他们早就是小天才了。而当时那些人让我们觉得我们领养了两个心理异常的孩子。我们心想，天哪，我们惹上了什么麻烦？我们得一直养着这两个孩子！我们现在相信，这两个孩子前途无量，只要他们有兴趣，他们可以做任何事。

"让我再说一件事。我想谈一谈孩子被误诊之后，错失好几年早期治疗的经历。

"作为父母，我们感到深深的自责。尤其是我，身为儿科护士，却任由这件事拖了那么久。你会觉得……我的意思是，我会觉得那三四年，我失职了，我让他们失望了，我没有好好照顾他们。他们原本可以比现在更好，虽然我不知道他们还能够比现在好多少。

"我的罪恶感非常强。马特也很自责，但是没有我这么强烈。"

我问特雷莎，这对她的婚姻有没有影响。

"注意障碍儿童的家庭都会遇到相同的问题，尤其是多动儿家庭，一定会受到影响。我猜许多婚姻会因此而终结。就我们而言，我们还有心理治疗学校的创伤经历需要面对。这些经历不但破坏婚姻，也制造了一些无法解决的问题。夫妻之间有太多不愉快，无论发生什么事、没发生什么事或者应该发生什么事。不过，如果我们没有这两个孩子，如果我们没有下决心支持他们，也许我和马特现在也不会在一起。"

戴维和丹尼的故事给我们很多启示，其中最重要的是，精神科医生的诊断对患者的生活会产生多么重要的影响。如果这两兄弟的问题始终没有被诊断出来，后果真是难以想象。

特雷莎和马特都是极坚强、肯付出的父母。他们经历了一场噩梦，现在正试着把生活稳定下来。虽然孩子们的注意障碍得到诊断且开始治疗，但问题并没有完全消失。对注意障碍的管理是一个终生课题。

如果我们要选出注意障碍儿童的代表，戴维和丹尼是最适合的人选。想想他们面对的不利条件，实在很难相信他们现在的表现会这么优秀。我现在每个月会与他们面谈一次。他们通常穿着跆拳道服冲进我的办公室，征求了我的许可就立刻玩起来了。看着两个穿着跆拳道服的大男孩，听他们谈莫扎特和巴赫，实在是很奇妙的经历。

不能有始有终的威尔

戴维和丹尼的注意障碍比较严重，但也有许多患者没那么严重，可能一直到青春期才被诊断出来。下一个例子是一个叫威尔的男孩，他来自一个稳定而有爱心的家庭。威尔小时候接受了较好的学校教育，但是他的注意障碍在他高中毕业前,一直没有被发现。以下是他从幼儿园到高三的老师评语。请注意,所有的评语中都看得到注意障碍的症状,但是因为这些老师不知道注意障碍是怎么回事,所以无法处理。请注意评语中有关分心、冲动、活力、创造力、热心、无法有始有终、追求刺激、不稳定的成绩表现、较低的个人成就的部分。注意有多少次提到威尔会不专心,缺乏组织性。看看各年级的老师是多么喜欢威尔,认为他多么有想象力,但是要想让他有始有终则是多么困难的一件事。

保育学校:威尔是一个活泼、有想象力、友善的孩子。他喜欢学校和朋友。他常常和好友在表演游戏中扮演英雄人物。这些游戏都很有想象力,也需要大量的体力。

幼儿园:威尔在班上很受欢迎,大家都喜欢他。威尔很有想象力,很爱幻想,喜欢表演想象出来的故事。这种能力可以是长处,也可以使他不能专心上课。

一年级:威尔的能力比他的表现强。他的阅读能力很好,写的故事很有趣,很幽默。但是,他做功课或在黑板上写字的时候很慢,回答问题也很慢。他的想法很好,但是表达方式很幼稚。有时候,威尔可以一个人好好地做事,和别人讲话会使他分心。他会一直讲话,这会打扰别人。他有些粗心,也不在意事情完成得好不好,他需要学习如何遵守规定。

三年级:威尔花太多时间和精力交朋友,无法好好学习。他不太会整理自己的思路,他需要养成一种循序渐进的方法。威尔如果更用心,学习效果会更好。

四年级:威尔在开学时,运用直线的概念完成了很多好作品。他有一些原创性想法。我觉得威尔有艺术天分。然而,其他事情他都做得很马虎,他的总体表现很差。他无法专心,无法发挥潜力。我希望威尔在课堂上能安静下来。

六年级：威尔的很多作业都没有完成……威尔似乎总是表现出一股欢乐的气质，而缺乏组织能力使他的学业表现大打折扣。

初一：威尔的成绩中等偏上。再努力一点儿的话，成绩会更好。课堂上他必须更加专心。威尔如果在家也能有规律地学习，那么他的拉丁文成绩一定会非常好。是否能取得更好的成绩，这取决于威尔。

初二（1月）：威尔今年大有进步。他现在的重点是不要再次懈怠下来，他要继续用功，以便保持稳定的进步。过去的几周，他比较喜欢上课，如果他不因此而松懈的话，倒是可喜的现象。

初三（2月）生物：威尔上这门课时并不认真。他不好好记笔记，不把握补考机会，考试成绩也不好，只有67分。后半学期他特别懒惰。成绩是C+。

（4月）英语：他的写作无法表现出他的想法，因为写作技巧不够成熟，希望他能好好练习，把他的想法写出来。成绩是C+。

（4月）生物：威尔必须更认真，好好发挥他的能力。成绩是D。

高一（11月）法语：威尔的幽默和他对法国的了解使课堂增色不少，只是他需要专心一些。成绩是B。

（11月）生物：威尔有能力达到他期望的成绩。直到现在，他仍未尽全力。他自己也认同，如果更努力，他的表现会更好。但是他常常是班上上课最不认真的一个。对威尔这种有能力把事情做好却表现不佳的学生，我感到非常受挫。成绩C。

（1月）生物：无论是学习态度还是用功程度，威尔的进步都非常惊人。期中的时候我觉得威尔未尽全力，现在不同了。如果能再专心一点儿会更好。成绩是B。

（4月）法语：这个春天，威尔的成绩不理想。小考经常只有20分，成绩一落千丈。我也很担心，他在班上总是无法专心，但他还是很幽默的。当然，他还有能力，只是需要更用功一点儿。成绩是C+。

（4月）生物：威尔会问很多有意思的问题，这能活跃班级气氛。我很喜欢他这个学生，但是威尔也令我极为受挫，因为他做起事来就是不用心，他的潜力无法发挥出来。成绩是B。

（4月）数学：哇！威尔最近的表现真像一个好学生！我希望成功的经历会鼓励他继续努力，让他一年都表现好。成绩是B+。

（6月）数学：好学生不见了。我真搞不懂为什么威尔有时候用功，有时候却什么事也不做。上个月，他花在争取着装自由上的时间比花在数学上的时间还多。成绩是C。

（6月）英语：我很喜欢教威尔，他聪明又有活力。从他争取着装自由的努力上，可以看出他有能力把抽象知识应用到生活中。我很高兴。

高二（1月）英语：威尔的考试成绩是班上第一名，他最近写的一篇文章也非常优秀。也许随着他不断成熟，他会比较稳定。他显然聪明又有能力。考试成绩是A−，学期成绩是B−。

（1月）科学：威尔的学习状态似乎很不稳定，有时很差，有时他可以充满活力地用功读书，表现得非常好。这种时好时坏的学习态度使威尔的成绩始终好不起来。成绩是B。

（6月）英语：课堂讨论时，威尔表现得让人印象深刻。他清晰地表述了一个人的行为并不能抹杀他内心的善意。成绩是B−。

高三（1月）物理：威尔的成绩仍然非常不稳定，但是最近的一次动力学补考表现非常好。他必须努力克服长期以来懒惰、缺课、缺乏组织、不专心的毛病。因为将来可不会有这么多补救的机会。成绩是C−。

（1月）哲学：课堂讨论时，威尔会积极流畅地表达意见。关于第二次世界大战日裔美国人集中营的报告写得非常好，但是迟交很久。成绩是C。

（4月）物理：威尔最近进步很多。他能准时上课，并坚持让自己保持专心,他非常负责任。

(4月)法语:威尔看起来没有努力。我不想指责他,也许他努力了,只是我没看到。

(4月)品德:课堂上,威尔会积极地参与讨论,但是我希望看到他更多的坚持。

(4月)陶艺:威尔想要认真的时候,可以做出很好的作品,但是常常会因朋友而分心。

壁球校队:威尔这一赛季表现很好。虽然受了一些伤,并且每天得和我们最强的选手进行对打练习,但威尔的态度仍然很积极。就像他的足球训练一样,虽然天赋不足,但运动精神可嘉。

像威尔这样的孩子很多,他的行为也很普遍。如果一个孩子本来功课很好,但后来越来越糟,老师也觉得他越来越不认真,我们就该猜到他可能是患有注意障碍。

我用威尔老师的评语来讲述他的故事,因为它们实在太适合了。我们看到一个可爱、有创造力的小男孩,他从幼儿园时期就很容易分心。老师知道只要威尔肯努力,绝对可以表现得更好。我们看到老师"很喜欢有他这个学生",同时老师也觉得"极为受挫,因为他做起事来就是不用心"。威尔有时可以很热情、专注,有时却对任何事都毫不在乎。威尔很不稳定,就像其中一位老师说的:"对威尔这种有能力把事情做好却表现不佳的学生,我感到非常受挫。不幸的是,将来不会有这么多补救的机会。"威尔没有令他失望,几个月后,这位老师说:"威尔最近进步很多。"但是,当另一位老师夸威尔"哇!威尔最近的表现真像一个好学生"时,他的表现又变得糟糕了。过了几个月,同一位老师说:"好学生威尔不见了。"

注意障碍的迹象在威尔身上随处可见：不稳定，有创造力，爱惹是生非，拥有令人喜爱的个性，动机时有时无，忘东忘西，缺乏组织性，不在乎，成绩不稳定，冲动，追求刺激，不遵守纪律等。

我不是要责备学校、老师或家长没有发现他是注意障碍患者。没有人知道，因为没有人知道该观察哪些迹象。当威尔在学校时，关于注意障碍的信息并未普及，没有诊断出来不是任何人的错。我们还应该赞美这些老师和家长，他们耐心地帮助威尔发挥潜力。他们对威尔造成的伤害都是无意的。

在不知道注意障碍是什么的情况下，通过老师对威尔的评价，人们看到的仅仅是一个极不稳定的、需要定下心来的孩子。可是如果知道注意障碍是怎么回事，就会发现所有老师的评语全都是描述注意障碍的症状的。

这有点像那种眼力测试图，乍看看不出具体的图像，只看到一堆乱七八糟的颜色。但如果有人告诉你那是一头牛的脸，你就会忽然看到那头牛的脸，且清晰可辨。之后再看到这张图，你就无法不去注意那头牛的脸。

如果威尔的学校知道他是注意障碍患者，他在学校的日子会好过很多。大家不会用道德说教的口气批评他，他的一些表现不会被视为懒惰、自私或不负责任。若是他能得到更有效的帮助，威尔的表现可以好得多。

另一点值得我们注意的是，注意障碍儿童不一定会每一科都不及格，他们不一定有学习障碍，也不一定多动，不一定有纪律问题。他们可能和威尔一样，很有吸引力，很受欢迎，成绩时好时坏，按部就班地升入高年级，没有人发现他们的问题，只觉得他们长大了就会好了，或者是好好管教一下就会好了。

威尔被诊断为注意障碍时，已经是快要退学的大学生了。那时，他的自我形象已经定型。"我很懒""我天生就是烂学生""我从来没有成功过""我有才华，但我总是怕失败，所以不敢全力以赴"。

威尔了解注意障碍是怎么一回事之后，他的反应很复杂。这并不奇怪，许多年轻患者会有相同的反应。他们一方面会觉得松了一口气，很高兴知道自己并不懒惰，所谓的"缺点"都是有原因的，而且还可以治疗；另一方面，他们不太能相信并接受天底下会有这等好事，他们已习惯相信是自己不好，是自己懒惰，一时要他们改变对自己的看法还真不容易。

威尔视自己的生活为一场奋斗，一场他一直在输的奋斗。他得不断让自己"有纪律一点儿""努力一点儿"。他无法视自己为注意障碍的受害者。

除了排斥诊断结果之外，威尔也排斥治疗，不肯服药。他说他不想靠药物思考。事实上，开给威尔服用的利他林只是帮助他集中注意力，但是威尔只肯偶尔服用。当他服药时，他的成绩就会进步；当他停药时，他的成绩就会退步。威尔觉得是药物让自己取得好成绩，不是他自己的成果，于是他会停药，努力证明靠自己也行。威尔念大学时，反复停药、用药不下 10 次。他始终无法接受药物就像治疗近视的眼镜一样是必要的治疗。他始终觉得这像是在欺骗别人。威尔的自尊心很强，道德感十足。对他而言，服药是不诚实的做法。

年轻男性常常会不肯用药，试图光靠自己解决一切问题，他们宁可有困难，也不要依赖药物。

对威尔而言，家人、心理医生及其他了解注意障碍的人给他的建议更受用。靠着偶尔服用的药物、自我了解、其他人的支持和自己的努力，威尔的大学成绩总算还不错。他仍然在挣扎着，无法全然接受自己的注意障碍。他总是让人感觉很温暖，有风度，待人友善，充满创意，但是他经常很消沉，因为他的潜力无法完全发挥出来。虽然他坚决不肯用注意障碍当作自己失败的借口，但是他不断地被自己的注意障碍打败。

威尔的注意障碍给他的父母带来很多困扰。他们一直认为威尔很有创造力，很有才华，只是不认真。他们试过一切教养方面的方法，比如吼他，把威尔禁足在家，故意不理威尔，和威尔吵架，以及送威尔去看心理医生等。他们一直很爱威尔，一直没有放弃，但是他们一直被威尔不努力的态度气得发疯。他们眼见大好前途和威尔擦肩而过，不禁忧心如焚。

诊断确定之后，威尔又过了几年大学生活。有一天，威尔对他妈妈说了一些话，促使他妈妈写了这样的一封信。

亲爱的威尔：

　　我们知道你有多么在乎我们，在乎我们的家，你想把任何事都做得完美，你在乎诚实、自尊和感情。你从小就是一个了不起的孩子。我常说你是带着微笑出生的。你真是个小天使。你小时候，大家都会看着你，对你微笑。你天生让人看了就高兴，你自己也一直很高兴。

　　痛心的是，不知道从什么时候开始，那个快乐的小男孩变成了失去斗志的少年。小威尔去了哪里？你父亲和我一直想知道。我们完全不知道有注意障碍这回事，你也不知道。我们看着你不做功课，努力一下又不努力了。我吼你，希望你会清醒过来，但那是错的。你的父亲把你禁足在家，那也是错的。我们用我们懂的方法管教你，心里却明白我们没有抓到要点。确诊后，我们就知道我们搞砸了。

　　威尔，我们该说些什么呢？对不起吗？我们是对不起你。希望你明白我们有多么抱歉。大部分是我们的错，因为我们知道有些不对劲的地方，却没有找出原因。这是父母应该做的。我们试过，但是我们失败了。这不是因为我们不关心你，我们很关心你。

　　你相信吗？你如果不相信，我可以理解。事实上，我知道你心里明白我们有多么在乎你。我们觉得你是一个好孩子，我们很高兴有了你。我不只把你当成我的孩子，也把你当成好朋友。其他孩子出问题的时候，我都会问谁的意见？我问你的意见。你一定知道我多么重视你的意见……

我觉得你还在思考自己是谁，这一生想要什么。你这个年纪的孩子都在想这个问题。有的孩子表现得不那么明显，有的则表现得担心又彷徨。有很多事让你担心，除此之外，你还得想办法应对注意障碍。你说你父亲和我不明白注意障碍，我同意。我们是不明白，可是我们在努力了解它。我们想要了解它，我们想要帮助你。我觉得你去年的状况还不错，虽然你可能一直都得挣扎奋斗，但去年春天你打赢了一场仗。好棒！我觉得你在进步。要跨越这么困难的一个障碍，一定非常不容易，你能坚持下来，真是不简单。你一向不轻易放弃，你也不是那种人。

失败！我们切身体会到了失败。等到你有了自己心爱的孩子以后，你就会明白你父亲和我有多么失败。我们是对你感到失败，但是主要是站在你的角度而感到失败。我们希望你感到成功快乐。你也许不这么认为，可是这是真的。我们了解，可是我们无能为力，我们多么希望你不必应付注意障碍。我们没办法，只有你能帮自己，这是一辈子的挣扎。我们只能说我们了解，而且我们非常在乎你。我们想帮你，可是你得告诉我们怎么帮……

我们永远爱你，永远支持你，无论你惹上什么样的麻烦。永远。我想这是你一生中可以信赖的几件事之一。我们认为你很棒。我们团结在一起，没有什么事能难倒我们。你可以应对注意障碍的，我觉得你已经进步了。

爱你的妈妈

**分心的
真相**

- 1/3 的有注意障碍的孩子长大后可以自愈，另外 2/3 的孩子长大后也不会变好。
- 如果孩子有注意障碍，他们的家长会充满愤怒并感到受挫，而这个孩子会成为所有家庭问题的替罪羊。
- 在学校里，两三个注意障碍儿童就可以把快乐的教室变成战场，把善良的好老师折磨得疲惫不堪。
- 注意障碍患者不太会注意别人的细微表情或暗示，他们也许看起来以自我为中心，甚至对他人有敌意，其实他们只是弄不清楚状况而已。

第 3 章

生活一团糟，事事都拖延

对于分心的人来说，缺乏结构是最糟糕的事，他们常觉得世界随时会崩溃，灾难马上就要发生，因此他们需要指导，需要结构，来稳定混乱的生活。

诗人艾米莉·狄金森（Emily Dickinson）用她一贯的简单风格形容了注意障碍患者的大脑。当然，她不是为了注意障碍患者而写的，但是却贴切无比地描述了注意障碍患者的心理。"我感到脑子里的鸿沟，好像它已分裂为二。"分裂，不是裂痕，多么生动贴切的描述。当我们由一个计划跳到另一个计划，努力掌握一切时，我们之中有多少人曾经感觉到自己的脑子要一分为二了？而我们的计划就像地板上的球，滚了一地。大部分患有注意障碍的成人（简称注意障碍成人）试着把前后的想法连在一起时，都会觉得纠缠不清。

我们越来越了解注意障碍成人，也越来越了解注意障碍的影响有多深远。

1978年，利奥波德·贝拉克（Leopold Bellak）主持了一个会议，主题是关于成人的轻微脑异常（现在称为注意障碍）。1979年，这个会议的论文结集出版，这是一本观点正确、具有前瞻性、充满新信息且令人兴奋的书。作者包括汉斯·休西（Hans Huessy）、丹尼斯·坎特韦尔（Dennis Cantwell）、保罗·温德（Paul Wender）、唐纳德·克莱因（Donald Klein）等，他们的论文观点新颖而重要。他们认为，轻微脑异常现象并不会因为患者长大就自然消失。相反，轻微脑异常现象可能跟随人一辈子，造成的困扰也不会比童年时小。可惜，一直到10年后，大家才在临床上重视贝拉克的这本书，他们发现，注意障碍成人非常多，如果没有被诊断出来，他们付出的代价将无法估量。

贝拉克的书是写给专家看的，目前已经绝版，书名很枯燥无趣——《轻微脑异常成人的心理现象》（*Psychiatric Aspects of Minimal Brain Dysfunction in Adults*），而这方面的大众读物目前仍很少。保罗·温德的书《多动的儿童、青少年及成人》（*The Hyperactive Child, Adolescent, and Adults*）是一本很好的大众读物，其中部分内容提到多动成人。得克萨斯州心理学者林恩·韦斯（Lynn Weiss）写的《成人之注意障碍》（*Attention Deficit Disorder in Adults*）包含了很多有用的资料。尽管有这些有用的资料，我们对注意障碍成人的认识仍十分有限。

有趣的是，注意障碍的重要研究之一是来自面向成人做的实验，而不是面向儿童。这个实验是美国国家心理卫生研究院的艾伦·扎米特金（Alan Zametkin）博士所做，该实验证明了注意障碍是一种生理现象。简单来说，扎米特金证明了注意障碍成人的大脑中，负责管理注意力、情绪及控制冲动的区域，其细胞摄取能量的程度和正常人不同。这篇研究报告发表在 1990 年的《新英格兰医学杂志》（*New England Journal of Medicine*）上，这是本最严谨、最受重视的医学期刊。虽然也有其他的研究显示注意障碍是一种生理现象，但这篇报告是最具说服力的。

1993 年，戴夫·豪泽（David Hauser）和扎米特金在《新英格兰医学杂志》上又发表了一篇研究报告，并提供了更多有关注意障碍是一种生理现象的证明。豪泽和扎米特金发现，一种罕见的甲状腺异常，即全身性甲状腺激素抵抗综合征（generalized resistance to thyroid hormone，GRTH）和注意障碍有关。70% 的全身性甲状腺激素抵抗患者有注意障碍。这个发现表明，注意障碍是一种生理现象，很可能是遗传而来。

之后，大家开始对成人注意障碍的研究产生强烈兴趣。我们了解到全美大约有超过 1 000 万的成人患者，我们也开始了解治疗的作用有多大。

我们同时开始了解注意障碍对人的影响，即如何影响生活，以何种形式出现，如何造成困扰，以及我们该如何帮助患者，等等。

我们接触过上百位注意障碍成人，积累了一些经验，并整理出最常遇见的症状。我将这些症状总结成一项对注意障碍的建议判断标准，但它只是我们自己根据经验列出来的。目前并没有经过实验测试的注意障碍成人判断标准，只有经过实验测试的注意障碍儿童的判断标准。这项建议判断标准只是我们观察到的常见症状，其他的医生也许会根据他们自己的经验有所修订。

通过这项判断标准，你会发现，注意障碍患者的标准特质清晰可见：分心、冲动、静不下来。此外，我们还可以看见情绪问题，比如沮丧、抑郁、低自尊、自我形象扭曲等。这些问题是由受挫的童年经历演变而成的。

注意障碍的建议判断标准

注意：每一项标准上的表现都要比同等心智年龄的人明显强烈才算符合要求。

A. 长期以来，下列项目中至少有 15 项符合自身情况：

1. **无论成就大小，觉得自己尚未发挥潜力**。我们把这一项放在第一位，因为这是成人求助的主因。我们最常听到的是："我就是没办法完成任何事。"以客观标准来看，这个人可能已经取得成就，也可能生活与工作一团糟，觉得自己迷失在生活的迷宫里，无法发挥自己的潜力。

2. **很难有组织性**。这是主要困难所在。没有学校的结构性，没有父母的督促，注意障碍成人在日常生活中无法保持规律性。"小小的"事情累积起来可以变成巨大的困难，诸如爽约、找不到支票、忘记期限等这样的小事可以毁了他们。

3. **长期拖延，很难开始做一件事**。开始做一件事之前，焦虑感特别强，因为他们害怕自己会做不好，于是他们一拖再拖，焦虑感越来越强烈。

4. **同时做很多件事，很难有始有终**。这是拖延的必然结果。往往一边拖延不去做某件事，一边又开始做另一件事。每日、每周、每年，越来越多的事情积在那里没有完成。

5. **想到什么就说什么，不会考虑时机或场合是否合宜**。像教室里的注意障碍儿童一样，成年患者也会被自己的热情冲昏头脑。心里一有想法，他们会忍不住马上说出来，也不管是否合乎时宜。

6. **经常追求刺激**。永远在追求刺激的新经历，追求和他们的内在风暴一样快速的外在事物。

7. **不能忍受无聊**。这是追求刺激的必然结果。事实上，注意障碍患者从来不会无聊。只要觉得无聊，他们就会找件新鲜事做，改换频道。

8. **容易分心，无法专注，话说到一半或者书读到一半就会发呆或走神，但是又能够在某些时候比一般人更专注**。这是注意障碍的"注册商标"。不是有意不专心听人说话，只要一不小心，他们就会神游天外。超级专注也是他们的特征之一，要强调的是，注意障碍患者不是没有专注力，而是无法控制他们的专注力。

9. **往往具有创造力，直觉强，非常聪明**。这不是症状，但值得一提。注意障碍成人往往有特别强的创造力。在缺乏组织和无法专注的一片混乱之中，他们常常冒出惊人的创造力。治疗的重点之一，即是抓住这些"特别的"时刻。

10. **很难遵照规定做事**。一般人以为他们对权威有反抗心理，其实那是他们对无聊及挫折的反抗。对他们而言，遵照规则行事代表无聊，而新的行事方式则代表兴奋，不能照他们自己的意思做事则会产生挫折感。

11. **没耐性，很难忍受挫折**。任何挫折都会让他们想起自己所有的失败经历。他们会想："糟了，又来了。"所以他们会发怒或退缩。因为经常需要刺激，容易觉得受挫，因此别人会认为他们不成熟或不易满足。

12. **言行冲动，比如乱花钱、改变计划、开始新的事业**。冲动的个性是最危险的症状之一，但是也可以是最具探索性的。

13. **容易担心，没事也会自己找事情担心，但是又不会去注意真正的危险**。如果没有什么事让他们专心，他们的注意力可能转向担心。

14. **缺乏安全感**。无论生活多么稳定，许多成年患者长年觉得没有安全感。他们往往觉得自己的世界随时会崩溃。

15. **情绪不稳，尤其是和人或事分离时**。注意障碍成人可以在几小时内，没有特别原因就忽然陷入坏情绪，然后心情变好，又再次变坏。这些情绪变化不像躁郁症或抑郁症的情绪变化那么为人所知。注意障碍成人比注意障碍儿童更容易情绪起伏，因为成人累积了更多的挫折和失败。这些挫折和失败是由生理失调引起的。

16. **身心静不下来**。成人往往不会表现得像儿童那样多动。成人比较常见的是神经质的典型动作，比如踱步，敲手指头，一直改变坐姿，常常离开座位或房间，休息时觉得紧张等。

17. **有成瘾倾向**。可能对药物或酒精成瘾，也可能对一种活动成瘾，比如赌博、花钱、吃喝、过量工作等。

18. **长期被负面的自我形象困扰**。长年累积的挫折和失败直接影响到自我形象。成就非凡的患者也觉得自己有缺陷。但是即使这样，大部分人仍能坚强地生活。

19. **自我观察不正确**。注意障碍患者不太会观察自己的行为，他们无法正确评估别人对他们的反应。他们往往觉得自己很没用。

20. **家族中有注意障碍、抑郁症、躁郁症患者，以及有酗酒吸毒的人，或是有其他情绪或冲动型病患**。注意障碍很可能是遗传性疾病，所以家族中自然可能有其他人有这些问题。

B. 童年具有注意障碍症状。（不用经过专业诊断，但是在看患者病史时，可以清楚看到症状。）

C. 没有其他医学或心理因素。

以上判断标准是我们根据多年临床经验总结的，着重列出了与成人注意障碍相关的各种症状。温德提出了另一套标准，只列了主要症状，而不包括相关症状，例如药物滥用或家族患病史等。许多医生都是用这套标准诊断，并称之为"犹他标准"，因为温德是犹他州立大学医学系心理学教授。

成人注意障碍的犹他标准

1. **患者童年时具有多动型注意障碍，并至少具有一种下列症状：**
   在学校有行为问题，冲动，容易兴奋，爱发脾气。

2. 成年时有长期的注意力问题和多动现象，并至少具有两种下列症状：情绪不稳，易发脾气，无法忍受压力，缺乏组织性，冲动。

我们的标准和犹他标准相差不多，最大的差别在于我们把非多动型的注意障碍包括进去了。温德自己也承认，临床上确实存在非多动型的注意障碍患者，因为他想使用一个比较简单一致的标准做研究，所以排除了这类患者。

我们及许多人的经验是，有很多人，尤其是女人，是非多动型的注意障碍患者。她们具有典型的注意障碍症状，她们对兴奋剂治疗或其他典型的注意障碍药物的反应良好，而其他种类的治疗对她们无效。

成人注意障碍的表现

列出诊断标准之后，让我们看看在实际生活中注意障碍的表现。注意障碍成人到底是怎样的人呢？因为注意障碍的种类很多，我们很难提供一个代表性的人物，但是我们可以通过不同患者的情况了解注意障碍。

46岁的伊丽莎白从小就有阅读障碍。直到最近，她才知道自己也有注意障碍。"我一直知道自己无法阅读，我不是完全不会读，只是读得不好。我不懂为什么我的生活总是一团糟。我认为自己很没用。后来我去参加妇女成长团体，知道注意障碍是怎么回事，一切才忽然清楚了。我了解自己为什么会拖延，为什么没信心，为什么讲话讲到一半就分心了，为什么总是一团糟。我只希望自己能早一点儿了解原因。"

哈里是一个成功的生意人，也是在当地受敬重的人。他很害羞地给我看他在学校时的档案。12 年的学校生活累积成厚厚一叠文件记录。虽然他很聪明，智力测验成绩很好，但是档案中竟有 60 封校长写给父母的信。这些信的开头差不多都是这样："我很抱歉，必须通知你……"哈里说他对学校生活最深刻的印象是坐在校长办公室里，听校长说："把这份资料放进哈里的档案……"哈里恨死了他的学校档案。他说："里面充满了我的痛苦童年。我希望你帮我消除它。"虽然我无法消除学校档案，但是可以从注意障碍的角度来解释它。哈里终于明白为什么自己一直无法适应学校。"这些年来，我一直觉得自卑，我一直不让别人知道我在学校曾有那么多麻烦，现在我明白为什么了。"

杰克是杂志编辑。他做得很好，但是大家觉得他很粗鲁。他会不打声招呼就突然离开会议，不回电话，不自觉地得罪作者，毫不掩饰他的无聊，讲到一半会突然改变话题，缺乏人际相处的技巧。一位同事说："他很聪明，但你很难预料他会做出什么。你可能正在和他说话，当你看一看别处，回过头来，他已经不见了。你还以为你们谈得很起劲呢，他却突然就跑掉了。这实在是非常惹人厌。而有时有他在又很好，因为他总是有很多主意和用不完的活力。"

在电影行业工作的格蕾丝说："我喜欢自己这样。我不知道别人是不是像我一样，可是我觉得如果我是另一个人，我会无聊死了。还好我是老板，不然我早就被炒鱿鱼了。自由上下班；一个计划还没完成，就接另一个计划；仓促决定一件事，一小时之后就反悔了。我实在不知道别人的生活怎么过得那么有计划。那就是他们的人生吧，但绝不是我的。洛杉矶大概是我唯一能生存的地方，纽约或许也行，可是天气太糟。知道自己有注意障碍让我了解了自己为什么是这个样子，可是我不想改变。你知道，这个城市里一半的人都像是有注意障碍。否则的话，我还无法在这一行生存下来呢。"

彼得的书房看起来就像他自己形容的："我有很多档案堆。每一件事都有它的档案。有的档案很小，有的很大，文件、杂志、书、账单各自堆成一堆。

有的档案堆混在一起，没有什么秩序。我只是想，这一堆很小，还可以增加一些；这里有个空间，可以放一堆档案；这些可以挪一挪，放到那一堆里。不知什么原因，我还生存了下来。我想这些档案堆和我之间一定有某种默契。"

以上这些患者多多少少反映出注意障碍在成人身上的特征。彼得的档案堆最具有象征性意义。许多注意障碍成人的生活就是这样，这里一堆，那里一堆，乱成一团。

注意障碍成人也酷爱车子，他们爱会动的东西。许多人说他们开车时的思考效果最好。他们也爱住在大城市里，尤其是纽约和洛杉矶。洛杉矶是他们的最爱，我们把那里称为"注意障碍之城"也不为过。

许多人的症状比较轻微，但确实会有影响。这好比在一件蓝色条纹西服上织进了一条红线，虽然改变了西服的样式，却必须仔细看才看得出来。治疗并不是把这条红线抽掉，而是改变一下它的色调，使它和其他颜色更协调一些。

例如，一个女人发现她只要写报告就需要帮助。她的工作需要写报告，并且她必须有很强的写作能力。在发现自己有注意障碍之前，她非常痛恨写报告。她无法专心写，她越想专心，就越焦虑，反而更不能专心了。她试过镇静剂，可是会想睡觉，咖啡对她有一点儿帮助，但会使她紧张。确诊后，她开始服用兴奋剂药物，这种药物能帮助她专心，又没有副作用。她发现每次写报告之前半小时服药，下笔就没有问题。其他的时候她都不需要服药。

轻微注意障碍对人的影响包括：低成就，错误解读人际互动，无法开始做一件事或是有始无终，情绪波动，缺乏组织，负面思考，慢不下来，没有时间做自己真正想做的事，以及有某种无法克制的冲动。

大部分成人在反省时，不会将着眼点放在专注力和认知形式上。我们通过故事来分析自己，会很快跳进故事中的角色里。我们心里想着这个人或那个人，我们和别人交谈，然后从一幕移到下一幕，就像是照着故事发展一样。可是注意障碍改变了故事的发展方向。它改变了光线和舞台布景。如果光线不够，或是重要道具不见了，我们就会很难理解到底出了什么问题。如果要继续表演，应该先找人来调整灯光或舞台布景。

成年之后才发现自己有注意障碍确实是一件令人震惊的事，这应该在童年时就被发现。长大之后，你勉强用自己的大脑生活，你没想过到了40岁会忽然有人说你有学习障碍或注意障碍，你没想过自己需要治疗才能学会如何阅读，如何有效地学习，以及如何在舞台上表现自己。

学校会为儿童的学习困难做初步测试，成人则缺少这种机会。职场上不会有领导为下属的低成就做相关的注意障碍测试。很少有人会对分心的配偶说："亲爱的，你有没有想过你可能有注意障碍？"成人往往要碰巧读到相关报道或听到别人提起，才知道有这么回事。有的成人则是从孩子那里听到的。

在我的办公室里经常会出现这样的场景。一对夫妻带孩子来做注意障碍的测试。测验结束后，其中一位家长，通常是爸爸，会清清喉咙说："啊，医生，请问大人也会有注意障碍吗？我是说，这有可能吗？"注意障碍是有遗传性的，孩子有，家长很可能也有。

可是，如果孩子没有接受诊治，大人往往浑然不知。虽然注意障碍在医学界并不是那么为人所知，但这种情况会逐步得到改善。目前，注意障碍成人要想得到合适的帮助，仍需要花很多时间，且是一种令人痛苦的经历。

我的患者通常是从其他的医生那里转过来的。我看过好几百个患者，发现注意障碍的种类很多。成人的症状会比儿童的症状更为多样化。注意障碍在临床上至少可以分成6种。

爱焦虑的劳拉

让我们再看一些病例。劳拉来找我的原因是她经常抱怨自己不快乐，这也是很多心理医生最常听到的。不存在严重的问题，她也不是特别不快乐。她只是觉得长期以来有焦虑感，并且隐隐有一种绝望感。我说："绝望感通常不会是隐隐的。"

她回答："我还没有真的绝望，可是绝望感像一团乌云正在慢慢形成。所以我想在风暴开始之前，先来看医生。"劳拉32岁，是教会的工作人员，她的丈夫是糕点师傅，他们有两个小孩。我们先谈谈最显而易见的问题。婚姻状况如何？当一个神职人员是否太累？她和教友们相处得如何？作为一个母亲是否感到责任太大？是否有心结未解？这些似乎都没有什么问题。她爱她的丈夫，每天早上孩子上学之后，他们俩在糕点店里一起喝咖啡谈天。她喜欢她的工作，教友也喜欢她。是的，工作很忙，可是她喜欢自己有价值的感觉。她的信仰很坚定，但是对自己渐失信心。

我说："让我们谈谈你刚刚说的'乌云'。你可以形容一下吗？那是什么东西？是怎么形成的呢？"

她说："就是一种感觉，我也不知道该怎样准确地表达。我就是觉得我的世界会垮掉，会毁于一旦。我现在就像卡通片里的角色，人已经冲出悬崖，两脚还在跑个不停，可是马上要跌到谷底了。我不知道自己怎么能做这么多事，不知道还能维持多久。我认为我的成功是上帝的旨意，可是我仍觉得这一切会在某天全部被夺走。"

我问："是什么原因会把这一切夺走呢？你对任何事情都觉得愧疚吗？"

她笑一笑说："我没什么大不了的罪过。不，不是罪恶感，是缺乏安全感。

我觉得自己是个骗子。也不是真的在骗人，我知道自己没有故意欺骗。好像我醒过来发现自己在一个宴会中，我不知道自己怎么会在那里，也不知道自己能假装多久。"

劳拉和我约了几次，我们从不同角度谈她的不安全感，比如童年经历、宗教经历、梦想与幻想、潜意识，能想到的都谈过了，但是没有一件事足以解释那片"乌云"。

这时我们开始谈她的学习经历。她的成绩一直不错，在高中、大学都是成绩最好的学生之一。这就是她没有早一点儿对我提起自己的学习经历的原因，因为成绩那么好，她以为自己在这方面没有问题；但是她告诉我，现在读书对她而言是件困难的事。光是想到求学生涯，劳拉就哭了，她想到了自己害怕考试不及格、无法准时交作业以及被排斥的经历。每一份报告都是一番挣扎，她总是等到最后一分钟才能动手，所以常常无法在期限内完成。她总是觉得学得很吃力，好像近视眼没戴眼镜而必须努力去看黑板。她说："我开始担心所有的事，开始觉得不安全。"

我问："什么时候开始的？"

"大学，不，是高中的时候。大概是高二或高三，学习变得很困难的时候。"

如果不考虑注意障碍，那么劳拉很容易让人认为她是个完美主义者，或者让人觉得她有强迫症或焦虑症之类的问题。但是如果她是注意障碍患者，那么注意障碍便是一切问题的源头，而焦虑和完美主义则是副产品。

毕业之后，她找到任职的教会并结了婚，她以为困难就此结束，可是同样的感觉还是会不时地冒出来。维持家庭事务成了她的重大挑战，虽然丈夫会帮忙，可是她总是怕自己会忘记或没注意到什么细节，以前那些无能感和不安全感全都回来了。她开始无法排除心中的焦虑。

她说:"我也不想这样焦虑,可是我就是放不下来。我向上帝祷告,希望自己能自信并有勇气,可我还是做不到。我想象自己坐在船上,靠着船边,把我沉重的担忧丢到水里,让它沉到水底。"

我说:"沉到潜意识里。"

她说:"不,是完完全全消失。当我靠着船边,把重担丢到水里时,它是完全消失了。我可以看到它一直沉下去,感觉好棒。我可以幻想自己抛开重担,为什么在现实生活中却做不到呢?"

我说:"也许因为这是不可能的事,也许因为这是你的大脑结构造成的。"我们讨论了注意障碍,劳拉接受了测试。虽然没有权威的测验可以确定一个人是不是有注意障碍,但是测验可以排除其他可能的学习问题或情绪因素。这些纸笔测验需要几小时,包括认知模式、注意力持久度、记忆、组织力、智力、情绪和神经检查等。虽然不是每个人都一定要做测验,但是有了测验结果,会使最后的诊断比较准确。

根据劳拉过去的经历以及测验结果,劳拉确实有注意障碍。"劳拉,我觉得你一直想努力不让生活混乱,结果发展出担忧的模式。你用一个问题取代另一个问题。你说你无法不担心,因为这是你的救命法宝,你的脑子不让你放掉这个担心。"

经过治疗以后,劳拉能比较确定自己是谁。她开始相信自己并不是没有原因就取得了成功,而是经过长期积累。她的治疗包括药物和心理治疗。劳拉心里的那片"乌云"并没有完全消除,但是她能控制它了。

我们也实际练习过丢掉担子,在冥想中,在精神疗法中,靠着船边,把重担丢下去，看着它消失。劳拉会看着重担沉下去，并形容它越来越小，直到完全消失在水底。她一开始练习这个方法时很害怕，我们一次又一次地谈，谈了十几次，她的担子才渐渐轻了。最后，她的担子和平常人的负担并无不同。

寻求刺激的道格拉斯

下面这个案例的主人公是一位男士，他开始并不是为自己来求助的。道格拉斯和妻子梅拉妮来见我，希望给一年级的儿子做个诊断。我发现孩子很有想象力，他并没问题，倒是道格拉斯和梅拉妮的婚姻关系需要谈一谈。

一开始，他们婚姻的问题主要在道格拉斯身上，他喝酒太多，一天能喝一瓶。他是一位非常成功的证券交易商，每年的收入很高。他的工作压力很大，和老板常常起冲突，但是他太能干了，所以老板让他自己做主而不太管他。在成为证券交易商之前，他是一位爵士音乐家，现在他仍然很喜欢作曲。他还喜欢做菜，喜欢宴请朋友。他也喜欢参与两个孩子的活动。他留给梅拉妮的时间不多，但梅拉妮觉得，如果那不多的时间里他真的在也就够了。事实上，他随时会不见，一转头，他可能就跑掉了，又去追求新计划、新想法和新刺激。

梅拉妮觉得道格拉斯在维持亲密关系上有困难，觉得他在利用喝酒逃避问题。道格拉斯觉得他只是希望有自己的空间和自由，可以作曲、喝酒、烹饪和思考。他承认自己很难相处，但是他在努力改变。

回顾了道格拉斯过去的更多事情之后，我很确定他有注意障碍。他的症状表现在：有创意，很有活力，静不下来，容易分心，冲动，追求刺激，有时专注，有时散漫，情绪多变，独立，缺乏结构及规律时会焦虑。

我对梅拉妮和道格拉斯形容了注意障碍后，房间里一阵寂静。他们对望了一眼，然后笑了起来。道格拉斯说："我就是那个样子！你形容的就是我，一模一样！"

梅拉妮靠过去拍拍丈夫的膝盖："你的意思是这一切有个名字？亲爱的，我们有希望了？"然后她转头看着我："你的意思是我们可以改变这一切？"

我说："是的，我认为可以，可是我们得再谈一谈。"

他们实在是太好奇了，这次会谈花了平常时间的两倍。道格拉斯后来写了一封信给我，部分内容如下。

亲爱的哈洛韦尔：

其实，行为理论只是一种开端，让我们了解自己的行为。你说我是"典型"的注意障碍患者，这对我很有帮助，这是我此生最难忘的经历之一。忽然间，我的许多过往经历都能解释得通了。以前我不懂自己为什么会那样，现在我终于懂了。

我的英语成绩一向很好，可是有一天我忽然发现自己无法"理解"书本中的内容，以致无法回答任何问题。我记得自己一直反复读相同的一段内容，读了5遍还是没有一点儿进展。所以我就偷看了答案，那是我唯一的一次作弊。我现在还记得那种被弄糊涂的感觉。那种感觉后来又发生了很多次。即使现在，我还是觉得阅读很困难，尤其是当我的工作需要阅读大量的资料时。过去三年内我换过至少三次框架眼镜、三次隐形眼镜，就是想"治好"我的阅读困难。我在开始读某一页文字的时候，读前三行还都懂，然后忽然就发现自己已经在读最后几行了，中间的内容全都不记得了。

高二之前，我从来没去过自习教室，过去我每一科都是 A + 。

那时我心里暗想："如果他们觉得这种表现算是好的，等着瞧我高三时真正用功的表现吧。"为了将来能进入哈佛大学，我决定去自习教室，并且真的用功起来。我真的用一年时间用功学习。以前我的数学考试成绩从来没有低于90分，可是那一年的期中考试反而只考了50分。历史考试更是一塌糊涂，什么内容也不记得了。基本上，除了作文以外，每一科的成绩都很糟。直到现在，我还会梦到在大学里，忽然发现自己高中还没有毕业，因为有太多科目不及格。

我在研究生院也有相似的经历，我帮其他同学写了很多曲子送给他们。有一个吹法国号的人要求我帮她写一首曲子，她给我七八个月的时间。一般情况下，没有作曲期限的约束，我能在一个月内完成。可是这一次的期限让我完全写不出来了。我始终无法开始，更别提写完了。

这些"偶尔的失败"对我打击很大，每一次失败都让我觉得自己的成功是假的。我骗了每个人，包括我自己。我会想"你为什么不承认自己智力不够，眼光不高，干脆放弃算了"。不知道为什么，我始终没放弃。后来好几次，我因为某种压力而完全无法专心，这导致我很沮丧，并对自己极度否定。我的太太梅拉妮觉得这是我的一个缺点，也是最难和我相处的一点，因为她始终不知道怎样做才能把我从沮丧中拉出来。我一直觉得说出自己的想法或感觉是一件复杂的事。好像我知道自己会说些什么，会在哪里说错，在哪里被误解，那么还说它做什么呢？这些根本不值得说。所以在这种时候，梅拉妮问我怎么了，问我她能做些什么来帮助我，我会很不耐烦地说"谢啦，不用"。结果，她觉得和我之间有隔阂。在那种情况下，我会回家看电视、听音乐到很晚，不跟任何人说话。我总是认为自己对时事很感兴趣，才会一直看电视。可是现在我很明白，当我觉得受不了的时候，坐在客厅的老位子上看电视可以让我平静下来，这能消除我的固执，

第3章 生活一团糟，事事都拖延

至于新闻内容是什么倒不重要。

如果我不想变得沮丧，我就得追求刺激。沮丧时，我会抽烟，一周会有好几个晚上去听震耳欲聋的电子音乐，会酗酒。梅拉妮觉得这代表我处于失控状态，我则觉得我是在"用尽全力"试着保持不失控。

最近我帮一个很难相处的纽约人做市场分析。一天下午，我们本来要全家一起出门度周末了，这个人却和我起了争执。之前，我们也常有争执，但这一次让我很生气。梅拉妮来接我的时候，我说不出话来。梅拉妮当然很不高兴，她觉得我应该"适可而止"。第二天早上醒来，我们本来要和朋友一起去滑雪，就在要坐上缆车时，我转身跟梅拉妮说"我必须离开"。我并不想要离开，但我必须离开。我无法解释自己为什么必须离开，但是我就是知道自己无法再待在那里。她当然很难接受我的行为，但是她也知道拦不住我。我找到48千米之外的一家租车公司，告诉滑雪场的人我在波士顿有急诊，请他们送我过去拿车，而那是租车公司的最后一辆车。我开车回波士顿，一路上听着新闻广播，然后到了办公室。因为办公室里有能让我头脑清醒的东西，比如电脑、档案、文件夹和日程表。所以，我很快就冷静下来了，我又可以思考了。和太太、孩子、朋友在一起的时候，我的脑子就是无法清楚。

当我开车回办公室的时候，我很清楚地知道那正是我所需要的，但是我无法说清楚。事实上，我觉得很不好意思，因为梅拉妮和朋友们总是说我喜欢在周末加班。可是无论是作为一名业余作曲家还是职业金融家，我每天都需要花一定的时间在工作上。我需要一种规律，才能面对每天的生活。可是我的太太、孩子和朋友都没有这个需要，他们一直认为我可以改变，如果我可以放轻松一点儿，就不用去加班了，就能多和家人相处，一切就会没问题了。虽然我很喜欢和家人相处，但是要我像别人那样是不可能的。我很清楚，我的生活如果没有一种严格的规律，我就会非常焦虑。我需要很多独处的时间，不一定是安静的时间，而是独处的时间。

道格拉斯的许多症状也可能是由焦虑症、酗酒、抑郁症和强迫症等引起的，但这些因素并不能解释他的全部症状。求学时的阅读困难是典型的注意障碍症状。他可能也有阅读障碍，而读了几行就跳过整页更是典型的注意障碍症状。他的独立性、喜欢自己行动、需要依照自己的时刻表做事、挫折忍受度低以及觉得自己是个骗子的特征，都是典型的注意障碍症状。在他的心中，每一次失败都会抵消之前的成功，于是他的自尊心就又被伤害了。

他无法对梅拉妮解释自己的感觉，无法忍受和人吵架时的紧张压力。正如他所说的："我一直觉得说出自己的想法或感觉是一件复杂的事。好像我知道自己会说些什么，会在哪里说错，在哪里被误解，那么还说它做什么呢？这些根本不值得说。"解释自己原本是一件简单的事，对于注意障碍患者却是种极大的压力。注意障碍患者在脑子里有各种想法，却无法耐着性子把这些想法一一说出来。

其他症状也值得注意。他用酒精和紧张的生活来治疗抑郁心境，他用结构减轻焦虑。他从滑雪场逃回办公室的行为，换成别人也许是因为无法与人亲近，对他而言则是为了减少滑雪场缺乏结构而引起的焦虑。

对于注意障碍患者而言，缺乏结构是非常糟糕的事。我们每个人的生活都需要结构，比如可预期性、惯例、组织，但是注意障碍患者尤其需要结构。他们缺乏自发性的结构，所以更需要外在的结构。他们觉得自己的世界随时可能崩溃，他们常常觉得灾难就要发生了。他们的内心世界渴望某种保证、某种引导。心情不好时，他们需要类似道格拉斯寻找的让自己冷静的物品，比如个人电脑、档案、文件夹和日程表，没有这些东西他们会觉得迷失了自我。他们和一般人的不同在于需要结构的程度，他们需要很多，而且经常需要。别人会为了看医生或赶工作而离开滑雪场，道格拉斯却为了他的电脑和日程表，为了他给自己安排的组织和控制而离开滑雪场。如果没有这些结构，时间没有安排好的话，他就会觉得要散掉了。他凭直觉知道自己需要什么，并找到对自己最合适的治疗。我几乎可以看到他进了办公室，拿起日程表，打开电脑，翻翻文件夹，呼出一大口气，接着焦虑逐渐消失，心情逐渐平静下来。

道格拉斯让我们看到他如何"治疗"自己，可是心理治疗师要如何把结构放入治疗当中呢？

治疗师必须积极地帮助患者重组生活。和传统心理分析式的治疗刚好相反，治疗师必须给患者提供具体的建议，包括该如何组织、保持专注、拟定计划、准时完成事情、分辨事情的轻重缓急，以及如何处理日常生活的杂务。治疗师不应该帮患者做这些事，而是应该陪着患者做这些事，这样他们才能学会自己做。

治疗师可以建议患者买一个记事本，然后教他们如何使用。治疗师也可以建议患者找一位财务规划师，并且一直提醒他，直到他们找到为止。这种介入式的指导是传统心理分析所不允许的，但是对注意障碍患者十分必要。他们需要指导，他们需要结构。治疗师当然无法告诉患者该和谁结婚，但是绝对应该告诉他如何规划好自己的时间，以便约会时不迟到。

道格拉斯的直觉告诉他结构对他有多么重要。我自己也是这样，早在我知道自己有注意障碍之前，我就知道自己非常需要结构性辅助工具。读医学院时，我利用索引卡片记住大量信息。尤其是头两年，要学很多基本的医学知识，我把每一科都写成好几百张索引卡片。每张卡片上写一两个需要背的知识点。我每次只读一张卡片，不去想这个科目还有那么多东西要背，这样就能专心。把一门课分解为许多索引卡片，就是把大工程分解为许多小工程的结构方法。这个方法对任何人都有用，但是对注意障碍患者尤其重要。我们一看到大工程或是复杂的事，就会受不了。当我知道注意障碍是什么之后，我才明白自己一直在运用结构性的技巧"治疗"自己。

道格拉斯知道注意障碍是什么之后，渐渐开始知道如何说出自己的感觉。以下就是他向我描述的一个他曾做的梦：

梅拉妮和我坐在化学教室里，另外还有20多个学生和一位56岁的教授。教授正在黑板上奋笔疾书，写了一连串的化学式子，并解释X、Y、Z分别代表什么。他很小心地思考着。

几分钟后，他转身告诉我们，这是为了制造"西济玛"。可是他没有解释西济玛是什么东西，拿来做什么用，为什么要制造。

然后他开始"解"这些式子，并很快得到答案——0。他很骄傲地看着全班同学，班上同学也似乎很高兴。

教授开始解释他是怎样解这些式子的，而我似乎是唯一听不懂的学生，于是我小声地问："西济玛是什么东西？我们为什么要制造它？"他正热心地解释，没有听到我的问题。我又问了一次，这次声音大了一些，终于引起他的注意。他停下来看着我，全班同学都转头看我。他说："用来平衡碎石子路啊！"然后继续讲下去。我愣了一下，以为这下子应该弄懂了，可是我知道碎石子路是什么，却完全不懂为什么要去"平衡"它。所以我又问："你为什么要平衡碎石子路？你什么时候要去平衡碎石子路？"

我显然打断了他的思路，也打断了同学们的思路。可是我需要知道他们到底在讨论什么，不然我根本听不懂，并感到非常受挫。教授从桌上拿起一个大勺子走过来，里面是一些仔细量过的、油油的黑色结晶。他站着，我坐着，他口气很凶地开始说明："勺子里的这些西济玛就是用来平衡碎石子路的东西。"我一直试着了解他在说些什么，可是就是不懂。我站起来，双臂向空中一挥，说："这实在是太蠢了，我不听了！"我离开了教室，因为我知道教室里的每个人（除梅拉妮之外）都觉得我是个笨蛋。

可是我知道自己不是笨蛋，虽然当时觉得自己像个笨蛋。我想，暂时离开一下，呼吸一口新鲜空气，会比较好。

事实上，我的真实生活经常就是这个样子。

道格拉斯的梦非常生动地描述了注意障碍患者经常面对的苦恼：搞不懂别人在做什么。事实上，道格拉斯的数理能力非常好，可是因为他的注意障碍，有时候他会像梦中情境一样，完全搞不懂别人在做什么。他们越来越焦虑，觉得别人胡说八道的话被当成是有意义的话，害怕全世界的人都对胡说的话信以为真，这是注意障碍患者每天面对的挣扎。

道格拉斯需要继续接受心理治疗，光靠注意障碍的治疗是不够的，因为那无法消除他内心的挣扎和痛苦。但是注意障碍的治疗已经足以让他和梅拉妮开始新生活。通过婚姻咨询、药物治疗和提供结构，道格拉斯学着承受某种程度的紧张压力，学着和梅拉妮谈他的感觉，学着听梅拉妮说话，学着规划并预期自己的情绪需要，而不是冲动地反应。梅拉妮渐渐能从注意障碍的角度去理解道格拉斯的行为，她也不那么生气了。道格拉斯渐渐能倾听别人，和别人沟通，他发现自己酒喝得越来越少了。一开始是为了补偿梅拉妮而有意少喝点，后来是越来越不想喝酒了。梅拉妮和道格拉斯现在很幸福。

健忘的萨拉

萨拉是位陶艺家，现在 50 岁了，已婚，她的孩子都长大了。她的丈夫发现她可能患有注意障碍，而萨拉也觉得自己似乎有这种疾病的症状，因此想找人咨询下。

她和杰夫一起从外地来，他们才坐下，萨拉就试图用微笑把眼泪逼回去："我不要哭，我告诉自己我不会哭的。"

我说："在这里，你可以随意哭。你要不要试着告诉我为什么想哭呢？"

"那么多年都这样，一直觉得自己很笨，却又知道我其实并不笨。我带了这些记事本，我把它们全部写下来了，你可以看。"她把记事本递给我。

记事本上首先映入眼帘的是"喉糖"。我问她这是怎么回事。

她回答："哦，那是指一颗不知道谁丢在我们汽车仪表板上的喉糖。那天我看到那颗喉糖，我心想得把它丢掉。下车的时候，我忘记把它丢到垃圾桶里。再上车的时候，我看到它，想着等一下到了加油站再丢。可是到了加油站，我又忘了丢。一整天都是那样，喉糖还在仪表板上。我到家的时候，心里还想着要把它带进屋里丢掉，等到我开了车门又忘了。第二天早上又看到它，杰夫也在场，我看着喉糖就忍不住哭了。杰夫问我为什么哭，我说是因为一颗喉糖。他觉得我疯了。我说：'可是你不懂，我的生命就是这样，看到一件事想做，然后没有做。不只是像喉糖这样的小事情，大事情也一样，所以我才会哭。'"

后来我把无法记得自己下一分钟要做什么称为"喉糖现象"。这不是因为他们拖延，而是因为正在进行的事情会使他们忘记其他事情。你可能从椅子上站起来去厨房拿杯水，然后站在厨房里忘了自己要拿什么。或者是那天你必须要打一个很重要的电话，可是时间一分一秒过去了，你始终没有打。你削铅笔，和同事说话，付了一些账单，吃午饭，工作上出了些问题需要处理，以及回几个电话，结果一天结束了，还是没有打那通电话。你可能想买束花带回家给太太，心里整天记挂着这件事，搭地铁时还在想要去哪家花店，结果站在太太面前，手上却是空空如也，只能说一声"嗨，亲爱的"。有时候这是因为潜意识不想买花。但是很多人不知道的是，有时候这是因为注意障碍在作祟。想要做一件事，打算做一件事，可是就是没做，这就是我说的"喉糖现象"，在注意障碍患者中这种症状很普遍。

萨拉的清单简直就是教科书上描述的注意障碍的典型症状：

- 童年时在班上常做白日梦。
- 被爸爸说成"懒惰"且"不比一只小鸟更有脑筋"。
- 考大学时英语考了730的高分，但是入学后因为迟交作业，这门课只拿了C。
- 喜欢新奇事物，一直改变兴趣。
- 有很多点子，可是无法执行。
- 桌子很乱。
- 很健忘。
- 常常找不到想表达的字眼，只好随便乱说或不说话，然后觉得自己很笨。
- 有结构时表现较好，似乎一直在寻找结构。
- 很难保持直线行走，总是会撞到东西或撞到人。
- 总觉得自己和别人的想法不同。
- 除非非常投入，否则听演讲时常常会睡着。
- 有时候写字会少几画或写错字。
- 常常觉得自己很难开始做一件事。比如周六看到厕所需要清理，想要打扫厕所，却觉得工程浩大，先开收音机听一听，过一会儿觉得收音机太吵又关掉。想起要打扫厕所，才开始行动。

- 无论如何努力，总是会弄得一团糟。
- 做家务事很随意，从一件事跳到另一件事，没有什么次序。
- 总在整理东西，但这并不容易。如果不整理，什么都会找不到。
- 很容易忘记脑子里的东西。
- 让生活围绕着一些计划转，这样心里比较有事情可想。
- 觉得要一直督促自己，尤其是在做一件事的时候。
- 喜欢简单的事。
- 喜欢拔草或丢掉没用的东西。
- 对时间的流逝没有感觉，总是迟到。即使时间还剩很多，也会先去做别的事，等到时间快到了才开始，或是忘了时间。
- 内心觉得绝望。别人的安慰没有用，是内心需要改变。
- 门窗从来不记得顺手关上，总是看到门窗开着才回来把它关上。
- 内心说："我不笨！"
- 容易觉得受伤或被拒绝。
- 不太会保持干净，太乱时又会受不了。
- 容易分心和缺乏秩序。
- 用手做事时最平静，比如种花、做陶器。

读完萨拉的清单，我问她是怎样写出来的。

"杰夫写的，我只是负责说。你觉得如何？"

我说："我认为你的清单简直可以当作注意障碍手册了。每一项都符合注意障碍的症状，但是我相信事情不只如此，对不对？"

事情确实不只如此。成年患者总是有其他问题。萨拉的问题并不只是由注意障碍引起的。可是任何有效的治疗都必须把注意障碍治疗包括在内。萨拉需要解决她的不安全感，对父亲的粗暴产生的感受，以及她与别人格格不入的问题。解决这些问题时，也需要了解注意障碍在她生命中扮演的角色。

一开始我们采用药物治疗，可是效果并不理想，但是能诊断出注意障碍对萨拉已经很有帮助了。而我提供给她的一些管理方法也帮上了忙。在这里我只提一下对萨拉特别有帮助的几个方法：

- 参加或组织一个支持团体。
- 消除多年累积下来的负面信息。
- 大量使用外在结构，比如清单、记事本、档案和仪式。
- 处理文件时，要一次处理完。
- 设定期限。
- 做自己擅长的事，不要一直试着改进自己不擅长的事。
- 了解自己的情绪变化，并且试着管理自己的情绪。
- 取得成功之后不要太高兴。
- 学习如何为自己说话。注意障碍患者常常受到别人的责备，于是防备心会很重。试着不要防备心那么重。
- 学着拿自己的症状开玩笑。如果你自己能放轻松，甚至能开自己的玩笑，别人比较容易原谅你。

除了诊断和提供资料之外，我也为萨拉安排了一位当地的心理治疗师，并同意在有需要时提供电话咨询。她回去之后，我把她的药物处方又修改了一下。

我一开始用抗抑郁药地昔帕明，因为一天只需要吃一次就可以了，不像兴奋剂类药物要一天服用几次，而且效果也比较好。由低剂量开始，一天 20 毫克，但是没有效果。能够用多少剂量并无定论，比如治抑郁症的剂量为一天 100～300 毫克。但是我发现低剂量对治疗注意障碍很有效。低剂量引起的副作用较小，我通常由 10～20 毫克开始，然后慢慢提高剂量。当萨拉的剂量调到 40 毫克时，效果就很明显了。心理治疗也进行一段时间后，萨拉给我写了一封信。

亲爱的哈洛韦尔：

　　我想告诉你药物的效果如何。

　　剂量调整之后，效果明显好了。我觉得自己比较放松，比较积极，情绪也比较稳定。我也不觉得困惑了。我以前不觉得自己困惑，但那可能正是我逃避冲突及在社交场合不自在的原因。在压力之下，我无法快速思考或反应。我现在觉得能和别人互动。有冲突时，我也知道自己的感觉，还能表达出来。我不是说我现在很能干了，只是比以前好多了。

　　比起以前，我现在更不在意别人的不可预测。

　　我的桌子没那么乱了，我也比较容易保持秩序。虽然还是有点乱，可是我在进步当中……

　　现在我晚上比较有精神，头脑比较清醒。整体来说，我比较开心了。

　　我丈夫说我稳定了，不那么容易生气，不那么爱操控，也肯和人说话了。药物对我唯一的副作用是我无法熟睡，但也不至于失眠，所以还可以接受。

　　你的建议很有用，我常常一读再读。

我常常想到我的父亲。上次我对你说，我无法想象自己想要和父亲有什么样的关系。后来我注意到自己喜欢和具有爸爸形象的温和男性来往。其实，我觉得我的爸爸、姑姑和妹妹可能都有注意障碍。

前一阵子我做了一个梦，我在童年的家里和一个像姐姐的人生气。梦中的这个人是个很有效率的人，可以同时做十多件事情。我想这个人可能代表的是我母亲，虽然我母亲照顾我，但却不了解我。在我发现丈夫和我都有注意障碍后，我们可以更好地了解彼此。以前我觉得朋友比丈夫还了解我。可是自从他确诊并开始治疗后，他变得快乐，做事有效率，能接受自己，也爱表达自己的想法了。他以前像个机器，只负责回答问题，而现在我觉得他是最了解我的人。

不易被察觉的注意障碍

注意障碍有很多种类型，有的患者很严重，缺乏组织，无法控制冲动，或者完全无法完成任何一件事情，简直是不会生活。这种人很可能还有其他问题，比如自卑或抑郁。有的患者的症状则轻微到不易察觉。

即使是听说过注意障碍的人，也不易察觉轻微的注意障碍。轻微症状容易被其他的因素掩盖，我们在讨论诊断的时候，会再详述这一点。有的轻度患者适应良好，看起来一点儿问题也没有。

有些患者是治疗其他问题治疗到一半，才发现有注意障碍的。例如，我有一个患者已经来看诊5年了，现在才发现他有注意障碍。伯尼是一位成功的商人，每个月来找我看诊一次，谈谈他在忙碌生活中的担忧。他把我当成支持他的朋友，对我倾吐一切，他不希望生活圈里的人知道他的这些心事。这些心事和他的竞争者有关，比如他如何看待这些人，这些人如何对待他，他对做生意的想法，以及他有哪些恐惧。我们谈的事情和注意障碍、专注力、拖延、缺乏组织都毫无关系。我所做的就是给伯尼提供有效的心理支持。一直到 5 年后，我们谈到他的孩子时，我才提到注意障碍的症状。我们对望了一会儿，心里同时在想：我们是不是忘了考虑这件事？

虽然注意障碍并未对他造成障碍，但伯尼确实不喜欢自己容易分心、冲动、情绪不稳的性格。他开会时经常发呆，有时候无法在电话中与人谈话，会拖延并同时做好几件事情，还会没来由地生气。他开始服用兴奋剂利他林，每天三次，一次 10 毫克，这些症状就都消失了。他的表现突飞猛进，他不可置信地摇头说："我现在一个早上能做以前一周的工作。"因为他的直觉敏锐，又足智多谋，他一直在不知不觉中通过战略性地使用结构来对付自己的注意障碍，他会把他不爱做或不会做的事交代别人去做。他说："现在服药之后，我感到前所未有的专心、有组织性。"

我觉得自己好蠢，作为一个专门治疗注意障碍的专家，5 年来每个月看诊一次的患者有注意障碍，我竟然没看出来。我的问题是，我自以为诊断的部分已经结束了，我们定期面谈，我就不再从别的角度去想事情，直到提及他的孩子才使我重新思考这个问题。这对我是个很大的教训，我们看到的往往被我们的成见局限住了。我是经过训练的专家，专门治疗注意障碍，应该注意到种种症状的。我想，若是我的太太或朋友是注意障碍患者，也许我也不会注意到。

大部分注意障碍成人需要有人用全新的角度看他们，而不是像我对伯尼那样充满成见，因此对他们的症状视而不见。成人就是会有这种问题：别人已经对我们形成了成见，我们也已经对自己形成了成见。这使注意障碍的诊断非常困难。

大部分的患者比伯尼严重，但是大部分注意障碍成人仍然能够取得成功。

许多成功者患有注意障碍，尤其是具有创造力的人，比如艺术家、演员、作家，以及工作具有高度结构性的人，还有工作需要高度活力、具有高度危险性的人，以及自由职业者。

我最近治疗了一位名叫乔舒亚的医生，他是因为抑郁症来看诊的。他50多岁，身材高壮，留着半花白的胡子，带着田纳西山区的口音。我起先不知道，是他告诉我的。我说："你有南方口音。"

他说："是田纳西山区的口音，南方口音的一种。"

他是一个温和友善的人，接受过一般外科训练，目前担任医学顾问。他说："当行医不再是治病救人，而是一堆行政文书时，我就离开了。我的工作很好，婚姻也不错。但我就是觉得自己的潜力没有发挥。我不能完全掌握事情，我没有像我希望的那样有创意。也许我就是没那么强，可是我觉得自己可以表现得更好。我不知道你能不能帮我。我觉得很沮丧，不过我这一辈子时常觉得很沮丧。我以前会酗酒，但在21年前就戒掉了。"

我问："你是怎么戒的？"

他笑了，好像在想着人们戒酒所用的种种方法。"对我唯一有效的方法就是坚决不喝。有一天，我就不喝了。我知道酒精正在消磨我的生命，更糟的是也许会让我害死患者。不能说我不想喝，而是我再也不会喝了。戒酒之后，抑郁的情况改善了一些，可是情绪仍然不稳。有时候情绪不好，会觉得自己怎么这么糟糕、这么没用。"

我说："你很自责。"

"天哪，我总是自责。我会一直骂自己，用各种你想得到的字眼，我会想到自己所有的失败和缺点，完全不原谅自己。我现在对你说这些好像很冷静，可是我一旦开始责怪自己，就会很疯狂。我一自责就是好几个小时，甚至一整天。我还是可以工作，但心里总是有声音说个不停。我太太阻止不了我的行为，没有人阻止得了。我看过好几位心理医生，吃过各种抗抑郁药，可是都没用。也许是我的南方浸信会信仰作祟（美国南方浸信会以信仰虔诚、教养严格出名，深信罪与罚的观念），我只能接受这种折磨。"他口气虽然笃定，却扬起眉毛，好像在画出一个问号。

我说："我不知道，让我们多看看这些黑暗的情绪。"

听了长长的病史之后，我发现乔舒亚除了情绪不好之外，还有其他的问题。乔舒亚的黑暗情绪不像一般的抑郁症，他不会焦躁不安、无助或悲观。他不失眠，也没有失去工作或不与人来往。他是在心里跟自己说话，像个牧师似的一直教训自己，指出自己的各种罪恶。他没有想过自杀，也没有对未来丧失信心。

反而是注意障碍的迹象自小随处可见，他惯用结构和决心对抗它。我说："你知道吗，我想，也许我们可以从另一个角度来看待你的沮丧。这也许是另一种形式的注意障碍。你无法客观地看事情，你无法很公平地看所有的事，你专门看负面的事。它也许很轻微，但是根深蒂固。你身体里的牧师总是突然开始教训你，你停不下来，你不得不听。我觉得你的问题是因为你有注意障碍。"

他很怀疑地说："你是说像多动儿一样？"

我说："是的，但是你的情形属于易影响情绪的那种。你以坏情绪为生活中心，无法放手。你紧紧抓住，你不敢放手，生怕事情会变得一发不可收拾。"

我的话引起了他的注意。他的眼睛看着天花板一角，思考着说："我以坏情绪为生活中心，有意思，再说一些。"

先前提过的劳拉以焦虑为生活中心,乔舒亚则以负面思考为生活中心。我解释了焦虑与抑郁型的注意障碍。他觉得很有道理。他说:"你是说,我的脑子会进入一个循环,绕不出来?就好像老鼠跑进捕鼠笼,咔嚓!栅门一关,再也跑不出来了?嗯,我就是这么觉得,我总是在挣扎。我一直以为是抑郁症,因为很痛苦。可是经你这么一说,我觉得其实比较像是战斗。"

我说:"正是,通常患者会绕着一个时刻表过日子。可是如果你刚好掉入这种情绪陷阱,你会绕着担忧和自责过日子。逃离也许会很难,可是如果你不去看自责的内容,只看自责的过程,就会比较容易脱身了。不要和自己争论是非,不要和心里的牧师顶嘴,你需要忽视他。你得离开,去跑步,给朋友打个电话,写封信,听音乐,随便做什么事都好,只要能让你转移注意力,不再自责。当你有这种情绪时,不要自省,小心提防心里的那个牧师。因为你很聪明,喜欢文字,又在一个道德纪律严格的环境中长大,当你听到心里的那个牧师责备你时,你很难保持沉默。可是你一旦回嘴,你就完了。你赢不了。牧师永远会有最后一句话可说。遇到这种情绪时,你永远赢不了。"

乔舒亚说:"你说得对。"他笑了笑又说:"你说得这么有说服力,好像你亲身经历过。"

我说:"嗯,可以这么说,很多人是这么告诉我的。"

"其他的症状是什么?"

"你提到你有酗酒问题,爱拖延,有太多事情同时进行,缺乏组织性,工作过度以追求刺激,很难开始一件事,等等,都可能是注意障碍造成的。"

一旦诊断确定,我们就对治疗过程达成了共识。我们开始使用利他林,后来又见了几次面谈他的状况,他的进步很明显。他发现自己很喜欢目前的工作。他能注意到发生在周遭的事情。最重要的是,黑暗的情绪消失了。有时候他仍觉得不快乐，可是没有以前严重。他说："我学会如何离开心里的那个牧师了。我可以看到他皱着眉，而我只是笑。"他现在知道自己是在用沮丧和焦虑的情绪组织他的生活，于是他可以选择不这么做。药物对专注力和情绪都有帮助。当专心和组织不再是个问题之后，他发现工作比较稳定，并有时间做一些之前就想做的事。正如其他成人患者一样，他对自己的新认识以及治疗上取得的明显疗效倍感兴奋。"你知道吗？我刚来找你的时候没有抱什么希望。可是这一切太神奇了，我变了一个人，我太高兴了。全世界都应该知道注意障碍。"

我同意，但是有一些修正。疗程一开始时，发现自己有注意障碍，开始用新的角度看待自己，开始服药，开始看到药效，确实是一段很令人兴奋的时期。这确实可以改变一个人的生活，新的世界展开了。对某些人而言，这简直像一夜之间学会了一门外语一样极富戏剧性。可是过了这个时期，挣扎并未停止。有些人很幸运，自此没有问题了。可是大部分患者仍然每天受到注意障碍的影响。治疗会有所帮助，但是不会使它完全消失。注意障碍不会就这么消失，你没办法动个手术割除它。成人患者终生无法完全摆脱注意障碍的影响。

有了治疗，患者仍然要面对自己缺乏组织性、冲动以及分心的问题。更困难的是，他们还要面对多年来累积的二度伤害和后遗症。这些次发性症状包括自我形象受损、自卑、抑郁、害怕别人、不信任自己、人际关系不佳以及愤怒等。这些伤害复原得很慢。

**分心的
真相**

- 注意障碍患者很适合从事需要创意的工作，比如艺术家、演员、作家，以及从事具有高度结构性的工作，比如科学家，以及需要高度活力和有高度危险性的工作。
- 我们每个人的生活都需要结构，也就是可预期性、惯例和规律，注意障碍患者更需要。他们缺乏自发性的结构，所以更需要外在结构。

第 4 章

嫁给一个长不大的男人

做分心者的爱人真的是一件伤脑筋的事，你完全不知道下一秒会发生什么，任何事情都不能指望他。你要学会把怒气发泄到注意障碍上，而不要迁怒他本人。

第 4 章　嫁给一个长不大的男人

夫妻之间只要一方有注意障碍，生活就会时而平静，时而动荡。有人对我说："我真不知道下一秒会发生什么事，任何事都不能靠他，我们的生活就像马戏表演。"注意障碍可能会毁掉亲密关系，使夫妻双方筋疲力尽。不过，如果情况控制得好，两个人可以并肩合作，而不用相互对立。

当注意障碍对婚姻产生压力时，大家往往误以为是一般的婚姻问题。丈夫回到家只顾看报纸，谈话时无法专心，饮酒过量，无法和妻子更亲近，有自尊心问题；或者是妻子整天做白日梦，感到沮丧，抱怨自己没有发挥潜力，觉得被家庭拴住了不能动弹。这些都可能是注意障碍的症状，但是因为这些状况太普遍了，所以常被忽略。

注意障碍极可能导致离婚。萨姆的心理医生要他和玛丽来找我，因为玛丽觉得萨姆必须看专业的心理医生，否则两个人只有分居。两个人都 40 多岁，结婚 8 年，有个 5 岁大的儿子戴维。

第一次见面，他们迟到了 15 分钟。萨姆埋怨堵车。玛丽则很快地插上一句："如果我们准时出门，即使堵车也不会迟到。"

萨姆说："她说得对，我就是这样，到哪里都迟到。"

我问："你做什么工作？"

他回答："我是急诊科医生，可是已经好几年没工作了。我有一阵子画过漫画，现在正在写作，希望当个自由撰稿人。"

我问："做得如何？"

"很困难，但是我有接到约稿，至少目前有人约稿。"

玛丽插嘴："萨姆，告诉他我们为什么来这里。"

萨姆看着玛丽问："我说还是你说？"他们坐在沙发两端，两个人看起来都比实际年龄小。萨姆身材瘦高，有着黑色卷发。玛丽戴眼镜，比较矮一些，黑发中分，手里拿一本笔记本。

玛丽开口说："我们来这里，是因为……"

她顿了一下，好像在想到底要怎么说才好："我们来这里，老实说是因为这个男人使我像生活在地狱一般。他没有家庭暴力，没有外遇，不喝酒，不赌博，可是他就像个不负责任的小男孩。我不在乎他觉得当医生没意思而换职业；我不在乎他半夜起来说他无聊想去开飞机；我不在乎他不找我商量，就自作主张订了全家去澳大利亚的机票，然后还怪我没有喜出望外；我不在乎他在外旅行的日子比在家的日子还多；我不在乎我们的人寿保险因为他喜欢开飞机、玩滑翔和跳伞而昂贵无比；我不在乎他从来记不起东西放在哪里，记不得任何人的生日或纪念日；我不在乎他看电视时一直换台……这些我都不在乎。我在乎的是他根本不知道我的存在。他完全活在自己的世界里，我跟个机器人差不多。他不了解我的内心世界，他根本不知道我有内心世界。他不知道我是谁。结婚 8 年了，我的丈夫还不了解我，他甚至不知道他不了解我。我真受不了。他可不在乎这些，他根本没注意到这一切。这就是为什么我们会在这里，医生，这就是为什么我们会来你这里，至少我是这么认为的。亲爱的，你要说说你的想法吗？"

我们一起看着萨姆。萨姆深吸一口气，慢慢地说："你总是这么会说话，我还能说什么呢？她说得对，可是我不是故意的。你提到内心世界的部分，我觉得不公平。我知道你有内心世界，事实上，大部分时间，我想我知道你心里在想什么。"

玛丽说："哦，是吗？说来听听。"

萨姆说："比如，你会想着我的事……"

玛丽插嘴："你看！他那么以自我为中心，竟觉得我心里一直在想着他的事。"

我问："我可不可以打个岔？你们来见我而不去见其他的医生是有原因的，对不对？"

萨姆说："对，因为我太太坚持要我看心理医生，我已经看了几个月了。"玛丽听了叹口气，翻了个白眼，但是没插嘴。萨姆继续说："我的心理医生哈里，我很喜欢他，但一开始我并没把握我会喜欢他，希望你别在意，我对心理治疗不太信任。总之，哈里说也许我有注意障碍，如果我们要做婚姻咨询，应该找一个懂得注意障碍的婚姻咨询专家，这种一举两得的做法比较划算，你说是不是？"

玛丽说："又来了。他总是一直说，一直说，说到最后加上一句'你说是不是'，你不自觉地点头，心里却在想没有道理呀。"

我说："其实我真的了解。我想哈里应该告诉过你们，他已经给我打过电话，谈过你们的问题了。"

萨姆说："太好了，哈里真的很重视我们。"

我查看了萨姆的病史，觉得他确实有注意障碍。玛丽问："你怎么分辨自私和注意障碍的呢？我的意思是，我虽然不是心理医生，可是有的人不就是自恋狂吗？我觉得萨姆就是自恋狂，他心里只有自己。"

我建议："也许我们可以换个角度看，他看起来只注意自己，是因为他一直分心，他无法对外界事物保持专注。或许他一直被某种形式的强烈刺激吸引，这是因为他需要避免无聊。"玛丽说："你是说，他觉得我很无聊？"

"不，不是你，是日常生活。他无法把心放在日常生活上。他需要急诊科那种快节奏来吸引他的注意力。"

萨姆很诚恳地说："玛丽，我不觉得你无聊，真的，一点儿也不。"

"可是如果你在意我，为什么你不注意我？为什么你记不住事情？即使你不在意那些事情，你也应该在意我呀，你应该知道我在意那些事情呀！"

我插嘴说："可是也许他真的记不住呢，至少不像其他人那样记得住。"

玛丽说："可是他念完医学院了呀。"

萨姆急忙说："可是那一点儿也不容易。你不知道，那些都是填鸭式的学习。考试之前我的朋友会帮我复习，那一点儿也不容易。"

我补充说："而且当时的环境充满了挑战性，他会比较有动机，比较专注。"

玛丽说："那么你是说，我们的婚姻不够刺激、不够强烈吗？"

我说："可以这么说，我想你也并不希望自己的婚姻是那样的。"

玛丽说："这就是我的问题，似乎我必须要把事情弄得紧张得不得了，他才会注意到。可是我很厌倦那种生活方式。我要他负起一些责任来。我不管你把这个叫作自私还是注意障碍，还是他就是个浑球，我就是受不了了。我希望他了解我，我希望他和我一起担心戴维要去读哪一所学校，而不是只在那里点头。我不希望他每天只能注意我5秒钟，我必须把所有要说的话在那5秒钟内说完。我不想觉得自己嫁给了一个不成熟的人，到现在他还在寻找着自己。他难道不能长大吗？"

我问："如果我跟你说，你说的这些全是注意障碍的症状，你会作何感想？"

"我会说那又怎么样？我还是想要过好日子啊！"

重新认识你的另一半

幸运的是，萨姆的注意障碍得到了治疗，玛丽和萨姆终于可以幸福地生活了。当然，这花了一点儿时间，除了注意障碍的治疗之外，萨姆还接受了其他治疗。萨姆仍然在哈里那里做心理治疗，有时候在我这里做婚姻咨询。

萨姆确诊注意障碍后，就开始服用利他林。这能很好地帮助他集中注意力，减少情绪波动。药物对他没有任何副作用，他只感到前所未有的专心。他不再那么以自我为中心，生活步调不那么快，不那么追求刺激，不那么容易分心，他终于可以像一般人一样生活了。药物使他能够慢下来，使他更了解自己的感觉，也更了解玛丽，使他可以"活在当下"。

确诊并不表示事情就此结束。玛丽和萨姆必须努力才能让他们的婚姻维持下去。他们需要坚持，需要每天细心地关心彼此。萨姆必须改掉几个习惯，玛丽必须处理长期积压的愤怒和怨恨情绪。这一切一点儿也不容易。

注意障碍不是一个孤立的现象，患者的配偶受到的影响和患者一样大。患者的配偶往往一直努力在混乱中维持秩序，使家庭不至于破碎，因此在经济上、情绪上的压力都很大。于玛丽而言，最有效的一步就是让她了解注意障碍。之前，她总觉得萨姆"很自私""很自恋"，这令她反感。一旦她了解注意障碍是什么，知道这是一种神经异常现象，她就能原谅萨姆，并把精力放在寻求解决问题的方法上。

除了重新看待萨姆的言行之外，玛丽也需要萨姆关注她的生活。玛丽可以作证，当一个注意障碍患者的配偶可不是件容易的事。配偶往往觉得很愤怒，觉得不被理解。配偶越生气，就越瞧患者不顺眼；配偶越瞧患者不顺眼，患者就越躲避。

当婚姻中有一方是注意障碍患者时，我们常常看到这样的恶性循环（见图 4-1）：

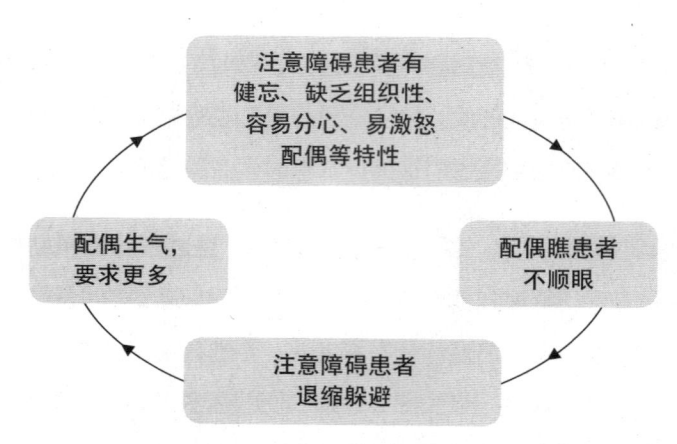

图4-1　注意障碍患者婚姻的恶性循环

为了打破这种恶性循环，我们不只需要治疗注意障碍，也需要处理配偶的愤怒。这种愤怒已经积累了许多年，可能得花好几周或好几个月才会消失。如果这些年来都是配偶在经营婚姻，配偶觉得没有得到支持或注意，当然会觉得愤怒。仅仅说"我有注意障碍"是不会让配偶消气的，事实上可能会火上浇油。配偶可能觉得更生气，发现这些年来吃的苦都是不必要的，都是医学现象并有药可治。一位配偶说："你是说这些痛苦都是不必要的？那我更想杀了他！"

这种愤怒完全可以理解。玛丽必须觉得她的感觉被接受和被了解，而萨姆必须表示知道自己是多么难以相处，不管这一切是不是他的错。倒不是说玛丽需要怪罪萨姆，而是她需要萨姆了解她为了他的注意障碍受了多少苦。这就像萨姆需要玛丽了解注意障碍是如何影响了他的言行一样。同样，玛丽需要萨姆了解和一个没有接受治疗的注意障碍患者生活在一起是如何影响了她的言行。双方的感觉都需要说出来，且被对方真正了解。在做注意障碍患者的婚姻咨询时，这是非常重要的一点。

有时候患者会表示自己才是更需要咨询的那个人，并要求单独会谈。有个名叫埃德加的患者和妻子一起前来，但是他要求和我单独谈话。埃德加来找我的原因是他的家族把他赶了出来，他的大家庭表示他们受够他了。他们拥有埃德加工作的那家汽车公司，并有权炒他鱿鱼。一天，他们把他叫进办公室告诉他，他太不负责任，他们不能再雇用他了。他们会照顾埃德加，让他有一口饭吃，但是他们不欢迎他到办公室或他们的家里。他们受不了他了，只好把他赶出去。他们觉得埃德加一事无成，还很讨厌。

他说："我能说什么呢？"他透过厚镜片看着我，嚼着口香糖，皱着眉头，看起来很愁苦。"我很讨人厌，我非常讨人厌。我的家人受不了我，把我赶了出来。说真的，我能理解他们的感受。我太太也迟早会把我赶出去的。"说着，他眉头的皱纹舒展开了，笑了起来。他放低声音，好像怕被别人听到，但办公室里并没有其他人。"你知道吗，我喜欢自己这个样子，这才是我呀！我就得是我自己，你懂吗？我花了几千美元去坐游轮，那又怎么样？我带她出去玩她为什么不高兴？我在高速公路上一边开快车，一边把音乐开得震天响，又怎么样？这是我的思考方式呀。我没办法坐在办公室里，看着展示间里的人，好好计划当天要做的事情。那不是我的风格。这很糟糕吗？只是因为我 10 年没看牙医，我就一无是处吗？你能相信吗，这也是他们抱怨的内容之一。看不看牙医关他们什么事？谁喜欢去看牙医啊？就为这个跟我过不去啊？我告诉你，我也许很讨人厌，可是他们也太过分了。"

我问："你真的觉得自己很讨人厌吗？"

"是啊，可是我也没办法。看到想做的事，还来不及认真考虑我就做了。我现在都不承诺阿曼达任何事了，反正我老是说话不算话。就像她说的，我这个人是无药可救了。你知道我真正想做什么吗？我想在凌晨 3 点睡不着的时候，到我们的展示间去，把所有汽车的收音机都开到最大声。我站在那里，所有的车灯都开着，所有的收音机也都开着，而其他人都在睡觉，那种感觉多棒啊！世界是属于我的。"

我说："可是家里人……"

埃德加回答："他们说'让别人看到会怎么想？三更半夜有人在展示间里玩，长大吧，埃德加'。我说'你们说得对，我会努力，可是我就是长不大'。我想这就是我的问题了，我永远是个小孩子。"

虽然埃德加的行为很特别，可是注意障碍患者就是常常看起来很孩子气。别人不了解这种行为，就说他们是不成熟。他们试图让患者觉得羞愧，希望因此改变他孩子气的行为。这一招通常没有用。我说："埃德加，你觉得自己为什么要做这些事？"

"我不知道，天哪，这就是我来找你的原因呀，应该是你告诉我啊。"

第4章 嫁给一个长不大的男人

"我会试试，可是我需要更多的资料。你还做了什么让人受不了的事？"

"比如开车超速、得罪顾客。得罪顾客可是个大罪。我能说什么呢？我不喜欢某些人的态度，我对他们没耐心。有一次，我告诉一位女顾客她应该在机动车辆管理局工作，她的个性正合适。这个人一直递给我一大堆文件，却不开口跟我说一句话，真讨厌，你知道我的意思吗？但他们说得对，我不应该和顾客那样讲话。顾客永远是对的，可是有时候我就是管不了自己。"

我说："蛮好玩的，是不是？"

"是啊，其实他们内心也觉得好玩。或许他们会怀念我，还有谁会闹出这些笑话让他们谈论呢？"

虽然还有其他的原因，但埃德加的行为部分是由注意障碍引起的。他的冲动、焦躁不安、不圆滑，以及旺盛的精力，都给他惹来了麻烦。虽然他一直说他有多讨人厌，但是他也很讨人喜欢。我相信他是对的，他的家人会想念他的。

我问："你会不会有时候觉得很悲伤？"

他说："我试着不陷在悲伤里。我很少放慢脚步去感受悲伤。有什么意义呢？暗自神伤做什么？我才不呢！我的态度就是生活、生活、生活。"他摘下眼镜，取出手帕，擦擦额头上的汗珠。

后来我一起见了埃德加和他的妻子阿曼达。阿曼达比埃德加高半个头，看起来很和善，也很平静，不像埃德加那样容易兴奋。"我没办法告诉你我为什么爱他，可是我就是爱他，这是真的。他确实让我发疯，事实上，他也快要被自己逼疯了。他不是个坏人，别听他们乱说。他就像是一锅沸水，冒到外面来了，如此而已。有什么办法能把炉火关小一点儿吗？"

我问:"和他生活在一起是什么样的?"

她说:"天哪,从来没有一刻清静。我只是有点累了,而且我知道他也受不了这一团糟。"

我们做了一些测试,又谈了几次,几周后我确定埃德加有注意障碍。但我必须判断他是不是有躁狂症。躁狂症的"狂热"比注意障碍的"狂热"更强烈,也就是说,躁狂症患者有更大的内在压力,更容易失控。躁狂症的某些症状是注意障碍没有的,比如言语急促。躁狂症患者说话时,好像是在高压之下冲出口的。躁狂症患者会由一个念头转到另一个念头,中间毫无停顿。躁狂症和注意障碍的患者给人的感觉完全不同:躁狂症患者给人的感觉是完全无法控制自己,而注意障碍患者给人的感觉只是比较匆忙或容易分心。从埃德加的童年来看,他早就有注意障碍的迹象。根据现状,他虽然有时很激动,但是并没有失控。再加上一些心理测验的结果,我判断他是患了注意障碍。

我没有单独去见埃德加,而是决定和阿曼达一起去看他。阿曼达也需要了解埃德加的注意障碍。一开始,埃德加无法理解这一切,他的自我观察能力也很不可靠。阿曼达变成他的教练,一路提醒他。在一般的婚姻咨询中,我们会避免为有问题的一方贴上标签,但是在注意障碍患者的婚姻咨询中,这样做反而有利。

有了阿曼达的协助,加上药物治疗,埃德加慢慢地能够认真思考后再采取行动。他可以通过其他方式放松和集中注意力,而不再开快车,不再把音量调到最大。他会先想一想再说话,他居然还去看了牙医。他经常要求增加药物剂量或是要求我更严厉地逼他改变。"我经得起的,来,给我一拳。告诉我该怎么做。"我必须一再告诉他,更多不一定更好。他想要的全面改造在目前阶段还不适合。

6个月后,他们两个人觉得时候到了。何时结束治疗因人而异,有的人只需要来几次就够了,但大部分人需要更多时间。患者及其配偶都需要重新思考,重新面对彼此,而优秀的心理医生可以适时地提供辅导。同时,患者需要花些时间找到合适的药物处方与剂量,情绪上的调适则可能需要进一步的心理分析。一般而言,疗程需要3～6个月。

我和他们又见了一次面,埃德加的家族让他回去上班了。阿曼达说他们确实想念他。

埃德加嚼着口香糖说:"谢啦!我从来没想过我会跟你这种人道谢,你知道我的意思吗?"

阿曼达打了他一下说:"埃德加!"

我问:"你知道自己是为了什么事谢我吗?"

埃德加说:"当然啦,我当然知道自己是为了什么事谢你。我谢谢你很负责地把我的脑子修理了一番,你知道我的意思吗?"

阿曼达又说:"埃德加!"

我说:"没关系,我觉得很荣幸。可是我很好奇,疗程即将结束,我们在这里说了那么多,你觉得有道理吗?"

"老实说吧,我根本记不住你说了什么。阿曼达都写下来了,回家会念给我听,她还列出单子了,你说的那些事她都会提醒我做,包括吃药,她真是我的生命支柱啊!可是如果你问我,我知不知道我们在这里做什么,我只知道我有注意障碍。别问我其他的,我只知道不管注意障碍是什么,我现在和以前不一样了。"

我问:"你会想念飙车吗?"

埃德加问:"说真话吗?真话是我不想念它们,信不信由你。其实想起以前,我觉得还真可怕。可是,也许这只是因为我这阵子总是与你和阿曼达在一起,明天就不知道会怎么想了。"

直到现在,阿曼达和埃德加还在一起,埃德加仍在工作,生活过得不错。

当性遇到注意障碍

给注意障碍患者做婚姻咨询时,有一件事很重要,却很少被提及,那就是性生活。

我不太了解注意障碍对性生活的影响,但是我接待过许多男女患者抱怨他们无法专心享受性生活或过度专注于性生活。

一方面,那些性欲亢进的患者可能是把"性"当作一种强烈的刺激,来帮助自己集中注意力。许多患者要沉溺于某种刺激强烈的活动,才不会无聊,才能把脑子里令人分心的杂事赶走。有些人会从事危险活动,比如赛车、跳伞、高空弹跳、赌博和婚外情等。他们做这些事来使自己保持专注,他们需要强烈的刺激才能专心。对某些患者而言,"性"就是一种强烈的刺激,他们不但能得到高潮的乐趣,也能得到专注的乐趣。

另一方面,做爱无法专心的患者往往会被配偶责备,或自责是"性冷淡",或被怀疑有其他性伴侣。事实上,他们可能很享受性生活,只是无法在发生性行为时保持专心,就像他们无法投入地做其他事一样。

第4章 嫁给一个长不大的男人

某次演讲之后，一位女士匿名寄给我一封信。那是第一次有人向我明确说出注意障碍对性生活的影响。

亲爱的哈洛韦尔：

　　我很喜欢听你的演讲，后来进行讨论的时候，我想问你一个问题或者我想跟你说一件事，可是难以启齿。所以给你写了这封信，希望可以帮助其他有同样问题的人。

　　我是一个42岁的女人，从各方面看还算挺有吸引力。我很爱我的丈夫，他对我很好。他说我是他的理想女人，但是直到一年前，我被诊断出患有注意障碍之前，我从未有过性高潮。事实上，我们的性生活一直都不太美满。他从一开始就非常爱我，我想这就是他一直没有弃我而去的原因。我对性生活也仅仅是缺少兴趣而已。

　　我一直以为自己性冷淡。我是在天主教家庭长大的，我猜想自己是因为这样才放不开。可是我心里好痛苦，因为我有性欲，我一直都有，我只是在床上无法专心做爱。我读了很多色情文学，我有很强的性冲动，只是不付诸行动罢了。为了治好我的心理压抑，我看过很多医生。我有性欲，外貌看起来很性感，穿得也很性感，还和一个很优秀的男人结了婚，可是为什么做爱的时候还会想着第二天要买的菜呢？偶尔这样也就罢了，可是我每次都这样。

　　最糟的是，我开始恨自己，觉得自己有缺陷。我很不愿意承认，我也想过离家出走，可是我不忍心，我舍不得离开我的丈夫和孩子们。尽管有时候我很不开心，但我想如果没有我，他们可能会更快乐。

　　后来很幸运，朋友给我介绍了一位心理医生。这位女医生了解注意障碍。我们才见过两次，她就确定我有注意障碍，并开始让我服药。天哪，从此我们的性生活变得截然不同！我从来没见任何书上提到注意障碍对性生活的影响,可是我的经历真是令人无法相信!现在我可以专心了,可以进入状态了。过一阵子,不用药物我也没问题了。我终于明白,这只是因为我有注意障碍,不是性功能障碍或压抑的罪恶感。我只需要注意做爱的时机,放点轻柔的音乐把白日梦赶走,和丈夫开诚布公地讨论,就能够解决问题。他实在是太棒了。结果我们发现,他像我一样,一直在责怪自己。

这个细微却无比重要的改变真令人难以置信。我不禁想到一定有其他女人和我一样,以为自己是性冷淡,觉得做爱很无聊,其实只是无法专心而已。

现在我可以不再神游天外了,我能享受性爱了。治疗使我生活的各方面都得到了改善,而性生活是最大的改变。我的问题原来只是无法保持专注,当我发现答案这么简单而治疗的方法又这么有效时,我觉得有必要告诉你,并请你告诉其他的患者。

到目前为止,我收集到的资料仍不齐全,有很多互相矛盾的地方。不过,确实有很多患者觉得注意障碍对他们的性生活有影响——或者是冷淡,或者是纵欲。治疗注意障碍的药物对这两种人都有帮助。

写信的这位女士可以代表冷淡的这一类型,而纵欲的那一类型则可以用布赖恩做代表。布赖恩39岁,未婚,自认是一个"性爱上瘾"的男人。他到处和女人搭讪,觉得自己无法抵抗任何性诱惑。他无法维持长久的关系,因为他总是无法忠于对方。布赖恩和一般花花公子不同的是,他不喜欢自己这样。他想安定下来,成家生子。他不想当情圣,可是他无法控制自己被各种各样的女人吸引。

他花了好几年做心理治疗,希望找出问题所在。他和心理医生从各种角度讨论过:他是否对女人有潜藏的敌意,所以才会引诱她们,再一一抛弃;他是否惧怕亲密关系，所以才会追求到某人随即又开始寻找新人；他是否有男性自卑感，所以才会一而再地追求女人，以证明自己有吸引力。

他来找我之前，他和他的心理医生都确信他对女人上瘾了。他的心理医生看了一篇文章之后，他们开始想，从注意障碍的角度看这件事是否对他会有帮助。

真的是有帮助。研究了布赖恩从童年到成年的这段时期，我发现他一直有分心和冲动的问题。很多注意障碍患者发现某种高度刺激的活动会使他们专心，他们就会追求这种刺激活动，进行不自觉的自我治疗。有的人赌博，因为赌博很刺激，可以使他们专注。布赖恩则是追求谈恋爱的刺激感。

夫妻公约

下列建议对夫妻一方中患有注意障碍的家庭可能有所帮助。这些建议可以是夫妻开诚布公讨论的起点，双方最好一起阅读这些建议，并对每一条都讨论一下，看看对自身的婚姻生活会不会有用。与注意障碍患者相处的重点是要改善沟通，消除斗争。

给注意障碍患者的婚姻建议

1. **确定诊断是正确的。**有很多情况看起来像是注意障碍，比如喝太多咖啡、焦虑症、解离性障碍以及甲状腺功能亢进等，都会有类似症状。开始注意障碍的治疗之前，先检查一下是否有其他的原因。一旦确诊，则尽量了解关于注意障碍的一切。你和你的配偶知道得越多，就越能帮助彼此。疗程的第一步就是教育自己。

2. **保持幽默**。如果你能顺其自然，有时候会发现注意障碍还是很有意思的。该笑的时候就笑一笑。有时候，当我们徘徊在内心深处的岔路口，不知道该生气、哭泣，还是该开怀大笑的时候，那就选择笑吧！幽默是快乐生活的秘诀。

3. **宣布休战**。在你确诊并读了很多关于注意障碍的资料后，深深吸一口气，然后竖起白旗投降。你们两个人都需要一些个人空间，休息一下，才能再出发。你可能需要发泄一下积压已久的情绪，这样它们才不会一直压在你心上。

4. **找时间谈话**。你们需要一些时间谈谈注意障碍，它是如何影响你们的关系的，你们想要如何处理它，你们对它有什么感觉。谈话不要仓促，不要利用电视广告时间、洗碗的时间，以及打电话的空当等，约好时间或预留时间做这件重要的事。

5. **完全坦诚**。把想说的话都说出来。注意障碍造成的影响因人而异，告诉对方它如何影响你。告诉对方你要发疯了，你喜欢什么，你希望什么改变、什么不改。全部摊开来谈。试着全说出来，也试着让对方有机会全说出来，不要过早做出反应。注意障碍患者会不等别人说完就下判断，过早地结束讨论，过早地做出结论，想要快快抓住重点。这一次，重点就是讨论本身，不要急。

6. **把你的抱怨和建议写下来**，写下来才不会忘记。

7. **拟定计划**。双方进行头脑风暴，想想如何达成目标。你可能需要一些专业人士的协助，但是试着自己拟定计划也很好。

8. **执行计划**。记住，注意障碍患者做事会有始无终，你一定要努力坚持下去。

9. **列清单**。这会慢慢变成一种习惯。

10. **使用公告板**。写下来的信息比较不容易被忘记。当然，你必须养成查看公告板的习惯。

11. **写下你要对方做的事，每天给他一张清单**。这样做的本意是帮助对方记住要做的事情，而不是专断地管制。双方都要有一本记事本，并且每天查看。

12. **把记事本放在重要的地方，比如床边、车里、厕所里和厨房里。**

13. **从注意障碍的角度看自己的性生活**。注意障碍会影响性生活的兴趣和表现，知道问题是注意障碍引起的，而不是别的原因，这对彼此都会有帮助。

14. **避免总是由一方收拾残局**。不要总是帮注意障碍患者解决问题，收拾残局。不要陷入互相依赖的循环中，运用一些策略解决问题，打破这种模式。

15. **避免唠叨**。不要一直唠叨不停，患者每天都需要一些安静的时间，休息是为了走更长的路。你们最好事先谈好，留出一个安静的时段，不要每次都为了这个吵架。

16. **避免牺牲任何一方**。你不希望患者变成被配偶操控的可怜虫，而这种状况一不小心就会不知不觉地发生。患者需要结构和支持，配偶应尽量提供结构和支持。双方如果没有开放而真诚地沟通，结构和支持很容易让人觉得像是控制和唠叨。

17. **避免形成主仆关系**。这和第16条很类似。有趣的是，往往是配偶这一边觉得自己是患有注意障碍的伴侣的奴隶。配偶可能觉得注意障碍的症状在破坏他们的关系，并且是每天都在破坏原本美好的关系。

18. **避免用彼此虐待的方式互动**。诊治之前，许多患者和配偶会一直互相攻击。大家需要放下攻击，把力气放在如何解决问题上。你得有自知之明，明白吵架和斗争确实会给你报复的快感,但这并非良策。注意障碍确实令人难以忍受,你可能想借吵架来惩罚另一半。试着把怒气发泄到自己身上,而不要迁怒你的另一半。你可以说"我恨注意障碍",而不要说"我恨你";你也可以说"注意障碍快把我逼疯了",而不要说"你快把我逼疯了"。

19. **小心强势与弱势的问题**。留意是否有操控的问题出现,一般婚姻中也会有操控的问题,而在注意障碍患者的婚姻中则更常见。试着弄清楚这一点,这样你们才能彼此合作,而不是彼此竞争。

20. **打破负面思考**。当患者长期认为自己毫无希望时,婚姻中的双方都有可能觉得无望。本书一再提到,负面思考是治疗的第一大阻力,负面思考会不给人任何喘息机会,不停地在患者头脑中播放。只要醒着,心里就一直有个声音在说"你不行""你很糟糕""你真笨""你注定失败""你看你落后了多少""你天生没出息"。开会的时候,开车的时候,甚至做爱的时候,这个声音都会在脑子里萦绕。心里充满负面思考时,人就很难浪漫起来。负面思考会慢慢侵蚀一个人,使他再也看不到其他方面。这个恶性循环很难打破,但是只要知道这是怎么回事,并不断努力,还是可以克服的。

21. **尽量夸赞对方,尽量鼓励对方,尽量使用正面思考**。每天找一些积极的内容夸夸彼此,有意地抬举彼此。一开始你可能觉得不自然,慢慢地会觉得很棒,而且会看到效果。

22. **学习管理情绪**。情绪难免会有起伏,预先知道会碰到什么情绪,可以帮助我们很好地应对。如果你说"亲爱的,早安",而你也预先知道他会说"好啦,别烦我",那么你就不会有太大的情绪起伏。如果对方已经了解自己的情绪起伏模式,那么你说"亲爱的,早安",他的回复可能就是"我正处在情绪的低谷"这样的话。

23. **让比较善于组织的一方负责**。用不着勉强自己做。如果你无法记账,就不要记账。如果你不会帮孩子买衣服,就不要帮孩子买衣服。婚姻就是有这个好处,夫妻可以互相帮忙。但是,对方帮你做这些事,你要知道感激,要注意到对方的付出,要找其他的方法报答他。

24. **找时间相处**。如果你需要安排时间约会,就安排时间,这极为重要。很多患者像流沙一样,一转眼他就不见了。准确地沟通,表达爱意,讨论问题,一起玩耍,一起享乐,这些能帮助建立良好关系的事情都需要花时间。

25. **不要用注意障碍做借口**。每个人都要对自己的行为负责。虽然注意障碍不是借口,但是对注意障碍的了解可以使夫妻关系更好。

分心的真相

- 有注意障碍的丈夫回到家只顾看报纸，和妻子聊天时一点儿都不专心，他会喝很多酒，无法和妻子更亲近。有注意障碍的妻子则整天做白日梦，沮丧，抱怨自己没有发挥潜力，觉得自己被家庭拴得动弹不得。
- 很多患者觉得注意障碍对他们的性生活有影响，他们要么性冷淡，要么纵欲。对某些患者而言，"性"不但让他们得到高潮的乐趣，也得到专注的乐趣。而对另外一些患者而言，他们无法专心做爱，常被责备或自责是"性冷淡"。

第 5 章

一个人可以毁了一家人

如果家庭成员中有一个人是分心的，那么争执与冲突就很难避免。但如果全家人愿意用全新的眼光看待一个长期遭误解的亲人，那么家庭生活也可以变得很愉快。

第 5 章 一个人可以毁了一家人

以下情境在注意障碍患者的家庭中十分常见。

"妈妈，我说过周日之前会把功课做完，就一定会做完，现在你可不可以别再唠叨了？"汤米冲出客厅，踢了妈妈身旁的垃圾桶一脚，跑进厨房。

他的妈妈站起来，追了上去。"不，我偏要唠叨，我为什么不能唠叨？你让我怎么相信你？你已经读高一了，有两科的成绩很差。你总是答应会做功课，可总是不做。我受够了，你真的要毁了自己……"

"妈妈，请你冷静一点儿好不好？我没有在毁掉自己，我只是成绩不太好而已。"

"成绩不太好？你成绩几时好过？而且我不是在担心你的成绩，我是担心你不努力。只要可以跑出去玩，你才不在乎明天会发生什么事。这个周末你别想跑出去玩，一秒钟也不行，半秒钟也不行。"她一边说着，一边用手指着儿子的后脑勺。

汤米生气了。"你就是一只乱叫的母狗！"

这时，汤米的妈妈完全失去控制，她打了汤米一巴掌，还想打他手臂时，因失去重心而往前跌倒。她趴在地上开始哭。汤米想扶她站起来，她把他推开。这时汤米的爸爸走进来，冲过去扶太太，同时对汤米大吼："你给我滚出去！"

汤米说："我没想要伤害她。"爸爸说："出去，别回来！"

"走就走！"汤米冲出厨房，摔门而去。

凌晨3点，警察在公交车站看到汤米，把他送回了家。第二天是周日，其他孩子都外出不在家，汤米和父母坐下来谈话。

他们面面相觑，长年累积的冲突横亘在他们之间。爸爸说："我们需要做个计划。"

妈妈打断老公的话："我要他先道歉。"汤米说："对不起妈妈。我不是故意让你跌倒，也不是故意要骂你。"

"那你为什么要骂我？"

"我不知道。我很生气，就脱口而出了。"汤米回应说。

妈妈继续说："汤米，问题就出在你总是这样，该做的事不做，不该做的事又忍不住要做。"

让我在这里暂停一下。汤米的妈妈说到注意障碍患者的要点了：他们总是该做的事不做，不该做的事又忍不住要做。如果她在这个时候能停下来，对汤米说"啊！你不是无可救药，而是有注意障碍"，那么结果也许会比较好。可通常的情况是，这种争执会一再发生，整个家庭会被注意障碍拖垮。

在孩子或大人患有注意障碍的家庭中，往往充满斗争。有注意障碍的孩子常让大人失望，他不做家务，不做功课，上学迟到，回家太晚，吃饭时不准时出现，出门时让别人一直等他，房间一团乱，等等。总之，他的很多行为和家庭步调格格不入。因此，家长总是在规定这个，规定那个，规矩越来越严，处罚越来越重，限制越来越多。自然地，孩子会越来越反抗，越来越不合作，渐渐和家庭有了距离，家长觉得问题是孩子不听话，而不会想到这全是因为孩子有神经异常现象。

当家长越来越受不了孩子的行为时，会越来越听不进孩子的理由，越来越不相信孩子说他会好好表现的承诺，于是会管得越来越严。渐渐地，孩子在家里的角色被定位成"问题儿童"，并成为家里的替罪羊，任何家庭问题最终都会怪到他的身上。有人当替罪羊，就得有人当迫害者。在这场斗争中，家庭就是迫害者，患者就是替罪羊，几乎任何家庭问题都会怪到患者的身上。长期下来，患者一直被这种责备笼罩着，他的自信心和自尊心都被压抑了。

斗争也许会持续多年。就像战争一样，在不同的前线有周期性的战役，家庭中的阵线包括功课、态度、家务、合作、责任。家庭中的每个成员都会在不同的时候使用攻击、反击、间谍、特殊武器、暂时的协定、投降、弃守、背叛，以及约法三章。每个成员在不同的时候会有赢有输。很不幸的是，家庭就像国家，任何内战都要付出代价。

在初期，斗争很小，每个人只是试着要别人听从自己的话而已。比如小学五年级的时候，孩子第一次拿了满分的成绩单回家，家长就会试着建立一套更好的读书计划；或是爸爸试着说服儿子早点起床，免得自己因为送他上学而上班迟到；或是妈妈对女儿不肯读书的态度生气。无论问题是什么，一旦斗争开始，就会继续恶化。

家长觉得他们是在尽自己的职责，是在帮助孩子，如果他们不这么尽力，孩子将来不会有出息。而孩子觉得他是在争取独立，他拒绝当一个听话的机器人。更糟的是，孩子根本不知道是怎么回事。他只是在反抗，受到攻击就反击回去。长期下来，大家已经忘记当初到底是为什么起争执，只是一直斗下去，停也停不住了。双方都越来越怨恨对方，家庭陷入无休止的战争。

这种斗争无法解决任何问题。也许短期有效，比如把功课做完，但是代价往往很大，根本不值得。直到注意障碍被确诊，每个家人都了解注意障碍是什么，才会有真正的进展。

很不幸的是，注意障碍的特质——分心、冲动、活动量大，被视为正常儿童拥有的特质，大家不会想到其他因素。像汤米这样的孩子常被视为叛逆的青少年，当误解不断累积，最后会一发不可收拾。

汤米问："那我该怎么办？自杀吗？"

妈妈回答："你应该试着听话一点儿。我们一直在帮你，你也应该帮帮你自己。你应该准时去补习。你应该努力做作业，我们才能帮你检查。当我们问你周五有没有考试的时候，你应该说实话。你应该想一想，不要老是觉得全世界都在和你唱反调，不要认为全世界都不了解你。你应该对我们尊敬一点儿。你应该……"

爸爸打岔："等一等，汤米，你没有在听你妈妈说话，对不对？"

汤米一直盯着他的球鞋："我在听。我都可以倒背如流了，以前就听过了。"

爸爸咬牙切齿地问："那你为什么不照做？"

汤米看着爸爸，好像要骂人，但他忍住了没骂，只说了一句"我不知道"。这是大多数注意障碍儿童保护自己的最后防线。

爸爸吼了起来："你这是什么意思？你不知道？我决不接受。这只是你的借口。你不知道，为什么你不知道？你就不能想一想你为什么老是这么糟糕？你笨吗？我不觉得你笨，不过我越来越怀疑你到底是不是笨。你就是不肯好好努力,是不是?"

汤米的妈妈用手指拨弄着头发,她说:"但愿我能够放弃你,再也不管你了。"

汤米丧气地说:"我也但愿如此。"

爸妈看看彼此,汤米咬着指甲,斗争僵持着,这已不是第一次。汤米16岁,正在上高一。开始,他的学习成绩良好,老师都说他是个聪明的孩子,很有创造力,可是这几年来,情况越来越糟糕,现在汤米只能勉强及格了。他的爸妈觉得他们比汤米更在乎他的学习。家里常常为了汤米而起争执,汤米甚至已经开始恨他的姐姐了。他的姐姐上高三,经常试着当汤米和爸妈之间的和事佬。

汤米一家过去几年的日子简直像是在打仗。

3月:汤米答应会定期到法语老师那里做特别补习。爸妈听他这么说就相信他了。

6月:法语老师寄给家长一封信,问汤米为什么从来没有到他那里去做特别补习,还说汤米快要被学校劝退了。爸爸和汤米为此闹得极不愉快,汤米还离家出走了。

10月:开家长会时,老师问汤米的爸妈家中是否一切安好。汤米在学校里的表现极不稳定,老师怀疑他在吸毒或是家中有什么事使他情绪不稳定。汤米的爸妈保证他们没有在闹离婚,家中一切安好。回家后,他们为汤米到底出了什么问题而大吵一架。

1月:此前的整个秋季,汤米都告诉爸妈他正在着手科学展览的作品,现在离截止日期只剩一周了,汤米才承认自己毫无进展。爸爸说他什么都可以忍受,就是不能忍受谎话。他说汤米活该自作自受。

妈妈说这样汤米的科学课会不及格，那损失就大了。爸爸说："那你叫我怎么办？难不成还要帮他做？"妈妈说："对，你可以另外再处罚他。"汤米和爸爸花了一周的时间，根据汤米早就有的一个想法，设计了一套计算机程序，结果还得了奖，他们合作得很愉快。爸爸早忘了要处罚他的事，全家都为得奖高兴了好一阵子。

3月：有一天，全家正要出门度假，汤米突然说他不想去了。逼问之下，他说全家在一起的时候他会觉得窒息。爸爸大发雷霆，教训了他一顿，说他应该心存感激。汤米听完训话，乖乖跟着全家去度假。在旅馆里，汤米从二楼阳台跳到游泳池里，当场被经理抓到。他说他觉得太无聊了。爸妈让他禁足一天，并为此吵了一架。

6月：汤米答应周五和朋友出去看电影之前会割完院子里的草，结果他忘记了。隔天，他答应在足球赛结束后割草，但他又忘记了。周日，爸爸告诉他割完草之前不准离开家。汤米觉得被挑衅了，于是请姐姐帮他说谎，说他在楼上读书，自己却偷偷溜出门。回来的时候，被爸爸逮个正着。爸爸对汤米大吼大骂，他握起拳头作势要打汤米，但到底还是忍住了。他咬自己的手指关节，踢柜子的门。他深深地吸一口气，慢慢吐出来。汤米害怕地看着他。过了一会儿，他才说："儿子，你不知道我对你有多么失望。"

汤米眨了眨眼，心想这次一定是很严重，爸爸以前从来不叫他"儿子"。"我只是想先去彼得家一下，回来再割草。我知道你一定不会答应。"

他爸爸转身走开。

"爸爸，对不起。我现在就去割草。真的，对不起。"

他爸爸继续走，没有回头。

给亚历克斯一个机会

最后，这家人决定寻求专业帮助。他们先和汤米的家庭教师谈，家庭教师建议他们去找儿童心理医生。家庭教师说："我觉得事情不像表面上看到的这么简单。"

心理医生先和汤米单独谈话，再和他的父母单独谈话，然后和他们三个人一起谈。接着，汤米去另一位心理医生那里做了一些测验，再回到原来的心理医生这里听整体评估的结果。

评估结果发现汤米有注意障碍。当心理医生解释注意障碍的时候，汤米的妈妈听得非常认真。"注意障碍是一种常见的疾病，我们有很好的治疗方法。可是如果不知道孩子有注意障碍的话，往往会对他们造成很大的误解。我想你们的情况就是这样。汤米的很多行为都可以用注意障碍来解释。注意障碍的主要症状就是容易分心、冲动、静不下来，而这些症状汤米都有。"

心理医生一边解释，汤米的妈妈一边落泪："你是说这一切都不是他的错？这么多年来，我一直在要求他做他做不到的事？我觉得好内疚，这真是太糟糕了。"

无论是在小学阶段还是高中阶段，当孩子被诊断出患有注意障碍的时候，家长都会觉得愧疚和愤怒。他们责备自己为什么没有及时发现孩子的分心问题，同时生气别人为什么没有早一点儿告诉他们。其实，能够及时诊断出注意障碍是不容易的，因为知道的人毕竟不多。一旦确诊，家长往往需要帮助才能渡过情绪上的难关，孩子也是一样。全家人都要重新思考每个人的角色。

为了让全家人都能了解注意障碍，心理医生给他们做了家庭治疗。在进行家庭治疗时，汤米14岁的弟弟亚历克斯说："所以你以后都不是家里的坏孩子了。"

妈妈说："亚历克斯，不可以这样说话。"

亚历克斯说："本来就是这样。他一直都是坏孩子，现在忽然说他有病，听起来像是在找借口。"

亚历克斯的反应十分典型。兄弟姐妹会怨恨患者得到这么多的注意，他们也会觉得气愤，觉得自己的努力不被重视。

亚历克斯继续说："你要知道，我很努力地尽我的本分。如果我也说，'糟糕，我这周不能做这个，我有注意障碍'，我会得到特殊待遇吗？"

爸爸说："可是你没有注意障碍啊！"

"你怎么知道我没有？我敢打赌，如果我让自己变成他那个样子，你就会觉得我有注意障碍了。如果他肯努力，他就不会有注意障碍了。"

妈妈问："你这是什么意思？"

亚历克斯说："医生说有注意障碍的人会很难专心。但是谁不会分心啊？我告诉你，我在课堂上就很难专心。我不懂汤米撒谎、不做功课为什么可以有借口。撒谎就是撒谎，注意障碍会让人撒谎吗？注意障碍简直就是道免死金牌，杀人不用偿命。他要做什么就可以做什么了。"

心理医生打断他的话说："不，他还是得负起责任来，只是我们现在更了解他所面临的困难是什么了。这就像给近视的人配一副眼镜一样。"

亚历克斯愤怒地看着汤米说："我不知道，听起来完全没道理。"

汤米对他弟弟伸出中指："你真是会抱怨。"

亚历克斯说："你看吧！"

爸爸插嘴说："等一下，我们不要再吵了，好不好？我们已经吵得够久了。"

汤米的姐姐说："那我们现在该怎么办？我们如果不谈汤米，都不知道要谈什么了。"

妈妈说："苏茜，别乱讲。"

"也许是我说得夸张了一些，可是如果我们不再为了汤米吵架，我们真的会有很多闲工夫没事做。"

亚历克斯说："谁说我们不会再为了汤米吵架？我可没说我吃这一套。"

心理医生插嘴说："没有人说他吃这一套。苏茜说得对。在你们的家庭中，为了汤米吵架这件事也许有它的意义，也许很难用别的事情取代。"

爸爸问："什么意义？"

心理医生说："也许吵架很有趣。"

妈妈说："有趣？你这是什么意思？吵架一点儿也不好玩。"

心理医生说："吵架虽然不愉快，但是也可能会成为家庭的休闲活动。"

苏茜看着亚历克斯说："我觉得是这样，至少有一个人是这样。"

亚历克斯说："就算我是又怎么样？他活该。"

心理医生继续说："也许还有其他的原因，也许大家都忙着责骂汤米，其他的人就不会被责骂。"

爸爸说："照你所言，汤米简直是牺牲品了？"

心理医生说："我倒不是这个意思。我只是说，也许是你们的私心想要维持现状，不想要改变。"

大部分家庭像团体一样，不喜欢改变。如果有人想自立门户，家人会觉得被背叛了；如果一个人想减肥，家人往往会不知不觉地阻止他；如果一个人想改变自己在家庭中扮演的角色，其他人会努力不让他改变；如果你是负责任的老大，你可能终此一生都扮演这个角色；如果你是家庭中的坏人，那么无论你做多少好事，都无法改变家中成员对你的成见。注意障碍也是一样。当有家庭成员确诊后，整个家庭面临改变时，往往会遇到极大的阻力。

汤米的弟弟亚历克斯就代表这个阻力，他不只是为自己说话，也说出了全家人的心声。如果我们把家庭当成一个互相联结的团体，而不是一些独立个体，那么任何一个人的改变都会牵动其他人的反应，并形成一个循环。任何一个家庭成员都可以发表他的意见，只要他还在继续扮演他的角色。事实上，他的意见或多或少代表了家中每个成员的意见。刚刚我们看到亚历克斯表达了他对注意障碍的怀疑和愤恨，这使其他人不必表达他们的怀疑和愤恨，反而能同情汤米。当亚历克斯的立场动摇时，又会怎么样呢？让我们看一看。

亚历克斯问："你是说我不希望汤米被诊断出患有注意障碍，因为那样我可能会被挑剔？"

心理医生说："差不多是这个意思。"

亚历克斯说："我想这一点你说对了。"

妈妈勉强挤出一丝笑容说："亚历克斯，你还好吧？"

"我很好，妈妈。我难道不能有自己的意见吗？你为什么总是质疑我的意见？"

爸爸说："我认为亚历克斯想先发制人，抢在我们逼他接受之前先投降。"

苏茜讥讽地说："亚历克斯又想当好人了。"

汤米说："亚历克斯最奸诈，千万别相信他。"

亚历克斯只不过是想改变自己的角色，只是稍稍试探了一下，就受到全家人的猛烈攻击。他有他的既定角色，有他该做的事、该说的话，如果他不做自己分内的事，不扮演他的角色，全家人都会感到不安，都会开始攻击他。

这种无形的角力很难察觉，但是却存在于每一个家庭。一旦注意障碍被诊断出来，这种互动模式会成为家庭寻求改变的阻力。

心理医生适时介入："等一等，给亚历克斯一个机会。也许他会打开家庭改变的大门。"在心理医生的帮助下，亚历克斯暂时脱离了原有的反对角色，重新考虑汤米的言行或许真的有医学上的原因。每个人都需要重新思考自己在家中扮演的角色和行事风格。虽然亚历克斯是第一个提出质疑的人，但是必须全体成员达成共识，才有可能出现真正的改变。一旦达成共识，至少家庭成员都愿意尝试改变现状，大斗争才可能开始消失，和平才有希望。

一旦开始休战，家庭才能展开协商。要做到这一步，首先得做注意障碍的诊断，然后说服家庭的集体潜意识，使大家真心愿意改变。如何与家庭集体潜意识对话呢？如何说服它，让它觉得改变是必要的呢？心理医生常用的方法之一是"解读"，例如刚刚提到的医生，便是使用不同的解读去质疑患者家庭是否真的想要改变；另一个方法是"直接面对"，例如当医生说"等一等，给亚历克斯一个机会"时，就是在直接面对家庭集体潜意识。家庭成员企图阻止亚历克斯转变他的角色，心理医生的干预及时消除了这个阻力。其他治疗的技巧包括指引、支持和提出建议。通常，家庭会议或家庭治疗会有帮助。一个家庭不一定非得做家庭治疗，但是当家人自己协商时，往往会碰到一些瓶颈，这时候家庭治疗会很有帮助。无论做不做家庭治疗，你都得知道家庭的集体潜意识一定会阻止任何改变，即使这个改变是好的、建设性的。

当家庭想要改变时，最重要的是"协商"。一开始也许很难，但是大家应该试着倾听彼此，一直忍耐到达成共识。每个人都要有机会表达，每个人都要参与决定。人总是喜欢遵守大家一起协商出来的规则，而不喜欢遵守别人制定的规则。

后来汤米和他的父母一起来协商时，妈妈说："我们真的需要想个办法，解决他的功课问题。"

汤米在椅子上缩成一团。心理医生注意到了，就说："让我们试着用不同的方法来讨论问题。"

汤米和他的父母看看心理医生，又看看彼此。屋内一片寂静，充斥着焦虑感。汤米的爸爸说："好吧，我先开始。我知道我的方法不太好。我能说什么呢？我就是这样长大的，我爸爸就和我一样，又笨又固执。如果我不听话，他就拿皮带抽我，直到我求饶。"

心理医生说："拿皮带抽会有用吗？"

爸爸说："当然有用，但只是暂时有用。我会照他的意思做，可是我恨死那个老混蛋了。我想我现在可以原谅他了，因为他只会用那种方式教育小孩，也许他自己就是那样长大的。可是代价多大啊！我到现在都没办法和他好好说话，我无法想象自己和他说知心话会是什么样子。我们总是讲一些言不由衷的话，两个人都巴不得谈话快点结束，之后又希望彼此的关系能好一些。"

汤米看着他的爸爸，显然对爸爸的话很有兴趣："你从来没有说过这些。"

爸爸说："是没有，因为我不想那样对你。我绝不会。别误会我的意思，儿子，我不会拿皮带抽你，可是我也不会让你为所欲为。来这里以后我想了很多，我实在不希望将来和你无话可说。不知道为什么，我就是喜欢你这张丑脸和你难听的声音。"

汤米说："爸爸，我也爱你那三尺的腰。"

汤米的妈妈坐在那儿看着，听着。汤米和他的爸爸没注意的时候，她对医生点了点头，表示赞许。

爸爸说："是二尺九。"

汤米说："好吧，我就让你一点儿。所以你还要我做功课？"

爸爸说："是的。事实上，应该是你自己要做功课，可是我知道你不想做。你到底想做什么？"

汤米笑着说："自由的时间、钱、女朋友、音乐和跑车。"

由这里开始，汤米和爸爸开始协商一套彼此都能接受的方案，而汤米的妈妈则默默地鼓励着他们。在这个过程中，最重要的就是支持与合作的气氛，而不是斗争。

很不幸的是，这种家庭里家长常因注意障碍而失控，于是他们会更想控制所有的细节。父母会一天到晚规定这个规定那个，比如什么时候做什么事、怎么做以及在哪里做。这种管理方式行不通的原因是：首先，父母往往自以为要求合理，但其实并不合理；其次，家庭成员不乐意被不断地告知该如何做；最后，这种控制不但不能减少压力，反而会引起紧张和冲突。例如，若汤米的爸爸用命令的语气说："汤米，听好，你得搞清楚，我们是父母，你就得听我们的话。"这样的聊天不可能顺利。双方会形成对峙，气氛会更加紧张，即使汤米同意爸爸说的话，为了面子他也不会承认。

当然，有时候根本不可能进行协商。年纪小的孩子就不适合协商，他们更需要结构和限制。他们会试探父母忍耐的极限，最后得到他们要的结构和限制。面对年幼的孩子，父母应该说"今天去吃麦当劳"，而不是说："附近有5家快餐店，今天晚上你想去哪一家？"年幼的孩子做这种决定时，脑子会转不过来，他会被这么多的选择搞晕，兴奋过度的结果是花上一两个小时才能做出决定。这时，需要父母出面："好了，我们今天去吃麦当劳。"孩子也许会抗议，可是内心未尝不觉得松了一口气。

对于注意障碍家庭而言，协商是很重要的一环，应该越早开始越好，但是不要期待年纪小的孩子能够有效地参与协商。有时候他们根本受不了协商的压力；有时候他们会把协商变成争吵，觉得吵架比较有趣。吵架很刺激，注意障碍患者最爱的正是追求刺激。儿童患者无聊时挑起的纷争就是为了寻找刺激。这时家长应该坚决地说："照我的意思做。"拒绝进一步争执，直到平静下来为止。

孩子大了之后，协商就越来越重要了，这一点在任何家庭都一样。协商是管理家庭或团体的要素之一。但是对于有注意障碍患者的家庭而言，协商是十分困难的。当你试图进行协商，情况却演变成斗争时，请不要气馁。

首先，请记住：无论年纪大小，注意障碍患者天生就比较喜欢冲突，而不喜欢协商，因为冲突比较有刺激性。大吵一架比讲道理和合作有意思多了，把土豆泥丢到妹妹脸上一定比好好把盘子递给她好玩多了。患者多半喜欢刺激，所以，斗争永远比协商更吸引人。

其次，协商对于患者而言会很困难，因为他必须忍受挫折。任何人都不喜欢挫折，对注意障碍患者而言更是如此。他们宁可协商失败或是过早投降，也要避免挫折。他们宁可违背自己的意愿，也不想忍受协商的煎熬。这和要求他们在教室里坐着不动一样困难。有一个办法是让他们一边协商，一边走动。

有没有什么原则可以使协商变得顺利呢？你可以参考经典著作《谈判力》（*Getting to Yes*），作者是罗杰·费希尔（Roger Fisher）和威廉·尤里（William Ury）。这本书原本是写给商人及外交人员看的，用在家庭协商上也很适合。两位作者建议了一种他们称为针对原则谈判或针对利益谈判的方法，这种方法有 4 个原则。

利益谈判 4 原侧

1. **人：把问题和人分开**。这是为了把人的自尊心和事情分开，讨论问题时才不会害怕受到人身攻击。如果人和事情不分开，有的人会打死不肯改，因为他丢不起这个面子。
2. **利益：把焦点放在利益上，而非立场上**。这是协商和辩论的不同之处。辩论的人必须攻击或守护一个立场，无论这个立场有没有道理，这就是辩论的唯一利益。就像战争一样，立场就是它的利益。协商不应该变成辩论，也不应该变成战争。协商时，大家都会有许多利益，这些利益必须得到充分满足，而不是每个人都誓死捍卫自己的立场。事实上，有时候一个人的立场会和他的最佳利益相冲突，死守某个立场不肯改变反而对自己不利。特别是青少年，他们往往为了面子，把自己逼进死角还不肯改变，结果是守住了一个自己根本不想要的立场。

3. **选择**：**决定怎么做之前，先想出各种可行方案**。有注意障碍患者的家庭需要特别注意这一点，因为患者为了逃避压力，会过早达成协议。不要觉得必须一次就达成共识。把问题抛出来，让每个人花几天时间想一想，找出各种可能性及解决问题的方法。在没有压力的情况下才能好好思考。注意，不要逼任何人同意任何事情。

4. **准则**：**坚持以某些客观标准为基础得出结果**。每个成员需要依据客观标准行事，而不是依据个人的主观意志或意见各行其是。客观标准包括：其他家庭如何处理相似状况？学校怎么说？这项服务在市场上需花费多少？根据医学界的看法，这项活动的安全性如何？教练建议要练习多久？法律如何规定的？有没有既有价值体系可供参考？有没有宗教观念可供参考？

在家庭协商过程中，家长通常会时松时紧，摇摆不定。他们上一刻设立很严格的家规，下一刻可能就觉得太严格了，转而软化立场。无论是紧还是松，这样都不会奏效。有一天汤米被赶出家门，第二天妈妈又烤饼干给他吃，为他打气。这怎么会有效呢？费希尔和尤里的针对原则谈判法主张，家长既不要太严格，也不要太宽松。他们建议家长：

协商时要针对原则及事情，要根据行为的结果制订一套每个人都可以接受的解决办法。如果有利害冲突，要尽量公平地达成和解，而不要根据意志或权力来决定输赢。

以汤米的家庭为例,他们必须克服汤米和父母之间的权力斗争,才能讨论汤米的作业问题。只要权力斗争的问题不解决,只要人和事没有分开,斗争就会继续下去。等到汤米和爸爸在某件事上形成友善的关系,真正的协商就可以开始了。在协商出一套计划之后,一定会有人试着去破坏它,这是个非常普遍的现象。

汤米答应父母,他每隔一天会和家庭教师一起复习一下他的功课。有一天晚上吃晚饭的时候,汤米的弟弟亚历克斯讥笑他:"白痴才需要家庭教师。"

汤米说:"你给我滚!"

妈妈打断了他们的争吵:"等一下,亚历克斯,你为什么要故意惹怒你哥哥?你难道看不出来他在努力吗?下次你朋友来的时候,你会喜欢我这样取笑你吗?"

亚历克斯脸红了,汤米笑了。大家继续用餐。

结束斗争需要很多努力,每天都要努力。斗争就像野草,一不小心就会长起来。以下是对有注意障碍儿童的家庭进行管理的 25 个建议。

对有注意障碍儿童家庭进行管理的 25 个建议

1. **诊断确定**。这是治疗的第一步。
2. **教育全家**。首先,家中每个成员都需要了解注意障碍。一旦大家都明白这是怎么回事,许多问题就迎刃而解了。如果可能,最好全家人一起学习。每个人都可以提出疑问,这些疑问务必要得到清楚的回答。

3. **改变患者在家中的形象**。家庭中的形象就像社会中的形象一样，会使一个人陷在固定的行为模式中。改变患者在家中的形象，将鼓励他往好的方向改变。如果大家都觉得你会把事情搞砸，你大概真的会搞砸；如果大家都觉得你会成功，你大概真的会成功。一开始也许很难相信，可是注意障碍可以被视为优点，而不是缺点。试着看到患者的优点，并且加以鼓励。试着让家人改变成见，以欣赏的眼光看待患者。不要忘了，患者往往会为家庭带来一些很特别的东西，比如活力、创造力、幽默感。他在哪里，哪里就不会无聊，即使他具有破坏性，有他在还是很有意思的。他有什么说什么，不怕得罪人。他有很多才能，可以有很多贡献。家人应该帮助他发挥潜力。

4. **让大家都明白注意障碍不是任何人的错**。这不是爸爸妈妈的错，这不是兄弟姐妹的错，这更不是患者的错，这不是任何人的错。家中每个人都必须了解并接受这一点。如果有人觉得这只是在找借口，或者觉得患者只是懒惰而已，那么治疗就不会成功。

5. **确定大家都明白这是全家的事**。注意障碍会影响家中每个人。既然每个成员都是问题的一部分，那么就让全家人一起努力改变现状。

6. **试着公平地注意到每个孩子**。当一个孩子患有注意障碍时，他的兄弟姐妹得到的父母的关注往往较少。虽然患者得到的关注可能是负面的，但他仍然得到了较多的关注。这种差别对待会引起手足之间的不平衡心理，也无法满足其他孩子的需要。不要忘了，做患者的兄弟姐妹的确是一个负担。这些兄弟姐妹需要有机会吐苦水，表达他们的担忧、怨恨和恐惧。要让他们有机会生气，也要让他们有机会帮忙。小心家长对孩子们的关注失衡，不要让患者成为家庭重心，不要什么事都配合他，不要老是因为他而这不能做，那不能做。

7. **尽量避免斗争**。在有注意障碍患者的家庭中，如果注意障碍还没有被诊断出来或是缺乏有效治疗，患者每天都会和他的家人进行无休止的斗争。这种负面的互动对全家人的杀伤力很大，就像酗酒家庭的特征是"否认"，注意障碍患者家庭的特征就是"斗争"。

8. **一旦患者确诊，家人了解了注意障碍是什么，那么就该让全家人坐下来商量一个对策**。用刚刚提到的协商方法，试着协商出一套全家人都能够接受的"行动计划"。为了避免斗争，最好早早建立协商的习惯。协商往往耗时费力，但是最后总会达成协议。协议的各种细节应该彼此说明，最好是白纸黑字写下来，将来可以随时查看。协议应该包括每个人答应做什么，如果做到了会怎样，以及如果做不到又会怎样。用和平协议结束战争吧！

9. **如果协商失败，可以考虑去看专业的家庭治疗师，他会协助全家倾听彼此的意见并达成协议**。因为家庭冲突可能比较激烈，有专业人士在场可以避免场面失控。

10. **在家庭治疗过程中，角色扮演可以让患者看到自己在其他家庭成员心目中的形象**。注意障碍患者很不善于察言观色，缺乏自觉性，看到别人扮演他，会让他看到自己平时无法注意到，而不是不愿意改变的行为模式。用摄像机记录生活中的点滴也是个不错的方法。

11. **如果感到斗争开始了，试着从中解脱**。试着退一步冷静下来。斗争一旦开始，便不容易终止，最好是根本不要开始。要提防斗争成为一种不可抗拒的力量。

12. **让家中每个人都有机会说话**。注意障碍会影响家中每个人，只是有些人是沉默的。试着让那些沉默的人也有机会说话。

13. **试着打破恶性循环，建立良性循环**。夸奖并鼓励成功，让每个人制订正向的目标，而不要事先预设会失败。正向思考是注意障碍家庭最大的挑战，但是一旦开始正向思考，结果会非常棒。请一位优秀的家庭治疗师或教练都可以，只要专注于建立正向思考的良性循环。

14. **搞清楚谁应该做什么**。每个人都得明白自己的责任是什么，每个人都得明白规则和后果是什么。

15. **作为家长，避免阴晴不定地对待孩子**。不要一会儿心疼孩子，一会儿生他的气。有时候他惹怒了你，你就处罚他、不理他。隔一天，他博得你的欢心了，你就夸奖他、疼爱他。所有的孩子都会有时可爱，有时可恶，尤其是注意障碍儿童。试着保持平稳的心态，如果你和孩子一样忽热忽冷，家庭生活就会变得非常不稳定，让人无法预测。

16. **留点时间给配偶，以便彼此沟通**。面对孩子时，你们要试着保持立场一致。最好不要让孩子操控你们。一致性在注意障碍的治疗中很重要。

17. **不要对其他家庭成员隐瞒**。注意障碍不是什么丢脸的事，家庭成员越了解越有助益。而且，他们之中也许有人有相同的状况，只是不知道而已。

18. **试着找出重点问题**。重点问题通常是做功课的时间、早上起床的时间、上床时间、晚餐时间以及任何发生改变的时间。一旦知道重点问题是什么，就能有效地解决。彼此可以协商如何改善，讨论具体的建议。

19. **全家一起头脑风暴**。趁着问题尚未发生，讨论如何应对某种状况。什么都应该试试，看看是否有帮助。要用团队精神面对问题，正面思考，相信问题是可以解决的。

20. **利用外人的反馈，比如教师、儿科医生、心理治疗师、其他家长和孩子的建议。** 有时候，我们不愿意听自己家人的话，反而会愿意听外人的话。

21. **试着接受注意障碍，并让全家人以平常心面对它。** 把它当成一种特殊才能或一种兴趣爱好，它会影响全家人的生活，你得接受它的影响，但是不要过度反应。有时候身处绝境，看起来好像不可能度过，但是要记住，即使是最困难的时刻也总会过去的。

22. **注意障碍会把整个家庭拖垮，一定要坚持治疗。** 注意障碍会让家庭生活一团糟，会让家庭成员之间不和谐。治疗需要一些时间才会奏效。有时候，成功的要诀无他，就是坚持下去并保持幽默感。虽然事情看起来越来越糟糕，但是请记住：注意障碍的治疗往往需要一段时间才看得出效果。换一位治疗师，找别人帮忙都可以，就是不要放弃。

23. **永远不要独自担忧。** 试着获取一些支持，越多的支持越好，比如儿科医生、家庭医生、心理治疗师、支持团体、专业机构、相关座谈会、朋友、亲戚、教师以及学校。团体支持往往能使看起来解决不了的大问题变得可以解决，而且可以帮助你保持客观的判断力。你会发现，你们不是唯一有这种问题的家庭。即使这不能解决问题，但知道自己不孤单会使你觉得问题有可能解决，你不会那么局促不安和害怕。所以，寻求支持，不要独自担忧。

24. **注意家庭中每个人的界线，要避免过度控制。** 注意障碍患者往往会不知不觉地跨越个人界限。请注意，家中每个人都知道并觉得自己是独立的个体，而不会总是服从家庭的集体意愿。此外，注意障碍患者在家庭中会强烈威胁到家长的控制感，因此家长往往会变成"暴君"，无时无刻不想控制每件事情。过度控制会加剧家中的紧张程度，让每个人都想反抗。这也使家中成员很难发展自己的独立性，将来在社会上会不易适应。

25. **保持希望**。希望是注意障碍治疗的基石。当你沮丧时，需要有人听你诉说，需要有人鼓励你，使你重燃希望。永远记着注意障碍的优点：活力、创造力、直觉力和善良。同时也请记得，许许多多的患者生活得很好。当你或你的家庭觉得再也受不了时，请记住，事情总会好转的。

无论患者年纪多大，注意障碍都可能摧毁一个家庭。乔治来自一个保守而有社会地位的家庭，他一生都在换工作，收入足以养家，但是始终没有发挥潜力，也没有达到家庭成员对他的期望。当他发现自己有注意障碍时，已经57岁了。他知道自己的碌碌无为是有原因的，他变得极兴奋，迫不及待地想告诉他的姐姐。自从妈妈去世后，姐姐就成为家庭的中心。她很冷淡地说："如果你找到了让你高兴的东西，我也为你高兴。"

乔治说："其实我也没抱什么希望，也许只是一声'哇'，可是她什么表示也没有。我真不懂。"

乔治和姐姐谈过之后，写下这封信，但是没有寄出去。有一次他拿给我看，信的前面还写了这样一段话："这是一封没寄出去的信，给我的姐姐、爸妈的理想女儿、嫁给成功商人的贵妇、孩子理想的妈妈、丈夫理想的妻子、社区的重要人物，她是典型的理想家庭的产物。自从3月中旬我告诉她我有注意障碍之后，我还没收到她的任何消息。真奇怪，她一辈子都在做善事，帮助每一个找她帮忙的人。我为自己写了这封信，即使永远不寄出去，也会有所帮助吧。"

亲爱的姐姐帕特里西娅：

你一定注意到了，我们好久没有联络了。我记得是3月中旬，我打电话告诉你我患有注意障碍。复活节的时候，我们有过短暂的谈话，你很快把电话交给了戴维（而且也没跟我说什么）。我又打过几次电话都没找到你，时间渐渐流逝，很明显，你并不想和我联络。显然我得试试别的方法。我不知道到底是怎么了，所以我也不知道要怎么做才合适，可是我决定尽量清楚、诚恳地对你说一些话。

你也许知道，也许不知道，医学界近些年才比较了解注意障碍是什么，但对于成年患者仍然了解有限。你也许知道，也许不知道的是……等一下，我不想跟你讲这些。事实上，我要说的重点不是这些关于注意障碍的知识。我想说的是，跟你解释一下我的生活到底是怎么回事，也许你也可以跟我说一下你的生活。

3月的时候，我给你打那通电话是为了和你分享此生最重大的发现。这个注意障碍不但阻碍了我去完成那些你期待我做到的事，而且让我（就像其他的患者一样）觉得我做不到是因为我不愿意做，是因为我的性格缺陷。可悲的是，我自从有记忆以来都这么认为。此外，我和所有认识我的人都知道，我有能力、聪明、相貌好、举止得体，并具备成功需要的种种其他条件……这又是一个误解。

我想知道的是，你到底在想什么？你一直说你爱我，现在我跟你说我患有神经系统疾病，我有注意障碍，而正是这个病影响了我的一切，比如我的行为、人际关系以及思考。为什么你没给我一些鼓励、安慰或表示有任何兴趣呢？如果你什么感觉都没有，为什么你不对我说我是在胡说？为什么你不直接对我说我是家族的耻辱，害你丢脸？为什么你什么也不做？难道我对你真的什么也不是，我在你高贵的生活中不值一文，你连理也不想理我？就连讥笑和怜悯也不屑给我一些吗？

　　这一切都说不过去，姐姐。我是你的弟弟，我有神经系统上的问题，叫作注意障碍。我患上这种病不是任何人的错，没有人故意要给我小鞋穿。我虽然不生任何人的气，不怪任何人，可是这使我无论做什么事都极为困难。我达不到自己的期望，也达不到别人对我的期望。我无法控制自己的脑功能，让它有序运转。我看起来很懒惰，没有动力，浪费了自己的天赋。长期以来，这一直让我很沮丧，让我无法对任何事产生真正的热情。我不是在为自己的失败找借口，这也不是我的想象。不是我一个人有这样的问题，很多人都有这样的问题。医生给我的诊断绝无疑问，已经有三位不同的专家证实了我的病情。我读了一个又一个的个案，他们都是不知道自己有注意障碍的患者，其实，我都可以写一本书了。诊断说明简直就是为我量身而写的。我还算幸运，没有像许多人一样，最后被关在牢里或变成酒鬼，或是遭遇凄惨的命运。

　　我现在正在尝试用各种药物治疗，帮我保持专注。同时，我在试着整理过去的行为模式，看看是什么行为模式创造了多年来的成功、失败、挫折、困惑，甚至笑声。虽然我不觉得有这个病是一件好事，但至少现在知道是怎么回事是一件好事，总比被蒙在鼓里好。

　　你可不可以告诉我，你到底在想什么？对于你的反应，我没有什么期待，我只是想知道你真正的感觉。我们是姐弟，是一家人，我希望以前的关系能继续积极地维系下去。可是如果你不想继续来往，我也能理解。请让我知道。

你的弟弟，乔治

乔治考虑再三，决定不寄出这封信。"我想我不应该再寻求她的认可，她永远不会认可我。到了这把年纪，真不知道我为什么还要在乎，但我就是在乎。"

家庭可以帮助一个人痊愈，也能让一个人痛苦，影响力很大。 如果家人愿意用全新的眼光看待一个长期遭受误解的成员，如果家人愿意帮助他治愈，这会比任何药物、任何治疗都有效。但是，如果家人不愿意用全新的眼光看待患者，反而讥笑他，"又是借口！你为什么不认真一点儿？"那么会大大降低治疗的效果。大多数人终其一生都在追求父母和兄弟姐妹对自己的爱和认可。这个欲望可以是我们向上的动力，也可以让我们走上堕落的毁灭之途。

家庭如果想充分利用它的正面影响，就要愿意做改变。 任何团体碰到改变都会觉得受到威胁，尤其是家庭，即使现状令人难以忍受。当患者想改变时，他也在要求他的家庭跟着改变，即使这一点很难做到。虽然改变对任何家庭都是困难的，但是以教育和信息作为指导，以鼓励和支持作为增强剂，大部分家庭可以成功地适应。冲突和痛苦会越来越少，家庭生活甚至可以很愉快。

渐渐地，乔治开始得到其他人的认可，更重要的是，他开始得到自己的认可。他一生的挣扎至少得到了他自己、太太和孩子的认可，但是如果他的姐姐能够试着了解他的话，会更有帮助。

**分心的
真相**

- 有注意障碍的人是不合作的，他们和家庭步调格格不入。无论什么问题，一旦引发家庭冲突，就很容易恶化。
- 有家庭成员确诊后，面对改变，家庭往往会出现极大的阻力。大部分家庭不喜欢改变，但为了整个家不被摧毁，家庭成员必须达成共识，愿意去尝试改变。
- 对于有注意障碍患者的家庭而言，协商是很重要的一环。但不要期待年纪小的孩子能够有效地参与协商。有时候他们根本受不了协商的压力，有时候他们会把协商变成吵架。孩子越大，协商越重要。

第 6 章

不多动一样可以分心

当我们强调注意障碍患者的分心时，就会忽略他们有时也很专注。当我们强调注意障碍患者的多动时，就会忘记那些爱做白日梦的患者。

第6章 不多动一样可以分心

直到现在,"注意障碍"仍然没有一个清楚明确的定义,我们只能用各种症状来形容这个病。描述这些症状的时候,我们往往会强调不同的部分,结果就像瞎子摸象一样。一个瞎子摸到的是象鼻,就说大象是长长的圆筒,会喷出热空气;另一个瞎子摸到一条象腿,就说大象是树干;又有一个瞎子摸到大象的肚子,就说大象又大又软。他们都无法看到大象的全貌。

注意障碍就是这样。当我们强调某个部分时,就会忽略其他部分。比如,如果强调分心,我们就会忽略大部分患者有时能够很专心的事实;如果强调多动,我们就会忽略许多安静、做白日梦的患者。我们很难看到全貌,但是,通过检查各种不同类型的注意障碍,我们能更好地了解这种复杂的综合征。以前的诊断只把注意障碍分成多动和不多动两种,或是分成儿童和成人两种。

我想介绍一下其他类型的注意障碍。有些类型还没有得到医学界的正式认可,但是根据我们的临床经验,这些类型在诊断注意障碍时很有用。因为许多症状是随着年纪的增长慢慢发展出来的,所以这些亚型只有在成年患者身上才能看得到。我们依照这些亚型的常见程度大致列举如下(最常见的排第一位):

- 非多动型的注意障碍。
- 焦虑型的注意障碍。
- 抑郁型的注意障碍。
- 学习障碍型的注意障碍。
- 躁狂型的注意障碍。
- 物质滥用型的注意障碍。
- 创造型的注意障碍。
- 冒险（刺激）型的注意障碍。
- 解离型的注意障碍。
- 具有边缘型人格特质的注意障碍。
- 有攻击性行为的注意障碍。
- 有强迫症的注意障碍。
- 假性注意障碍。

非多动型的注意障碍

对于注意障碍，最常见的误解就是，患者一定有多动的表现。许多人认为，如果孩子没有一直动来动去，他就不是注意障碍；如果孩子没有行为问题，没有管教问题，他就不是注意障碍；如果一个成人没有动个不停，他就不是注意障碍。在许多人看来，注意障碍的症状就是多动。

这种误解情有可原。注意障碍最早是用来描述多动儿的。一开始的研究对象都是多动儿。直到近些年我们才知道，不多动的人也可能有注意障碍，成人也可能有注意障碍。一时之间，要改变大家的成见是很困难的。

现在很多证据显示，有许多儿童和成人具备了其他所有的注意障碍症状，但

第6章 不多动一样可以分心

是他们不多动。相反，这些人通常动作很慢。

这些人是做白日梦的人。有些孩子，通常是女孩子，坐在教室后排，手揪着头发转啊转，看着窗外发呆。有些成人会在和别人谈话时或是读书读到一半时，不知不觉神游到其他地方去了。这种人往往富有想象力，一边说话，一边幻想，他们可能无法完成工作，因为心里正在写着剧本呢。他们和人说话时，会礼貌地点头，却一个字也没有听进去。虽然他们不像多动儿一样吵闹，但是他们也无法专心。

也许是由于基因的表达方式，也许是缺乏丫染色体，通常女孩子比男孩子容易有这种非多动型的注意障碍。男女都有，但是女性患者更普遍一些。

这些人的主要症状是容易分心。他们的分心是很安静的，就像是影片分镜一样。想象一下，你现在在某个地方，下一刻却在另一个地方。你根本没注意到，你就这样跟着场景走，就像电影里的镜头切换。旁白继续说着，你看着这一切，看着自己的日子这样过下去。

从某个角度看，这是一个可爱的症状。脑子里的想法像条小溪一样蜿蜒，安静地、缓缓地和其他的想法汇流成河。可是从另一个角度看，这个症状一点儿也不可爱。如果一个人记不住事情，不能准时到达应该到的地方，不能和别人保持谈话，不能专心读一页书，不能完成一件很想完成的事情，那么他的生活将充满阻碍。这条蜿蜒的小溪似乎永远无法把他带到他想去的地方。

一位患者说："我可能正在桌前做一件事，却忽然不自觉地想起另一件事，然后我开始想那件事。我也许离开桌子去拿一件东西，可是走到一半，我已经忘记自己要拿什么了。我几乎是在梦游，好几个小时就这样过去了。我有很多有趣的想法，我可以想到许多有创意的点子，可是很少能够实行。我可以刻意地专心几分钟，可是我一开始动手做，我就不再注意自己在做什么，只随着各种念头东窜西窜。如果我能保持专心一小时，我可能可以做完一整天的事。"这个女人开始治疗注意障碍之后，她的生活发生了改变。她说："真是难以置信。我不觉得有什么不同，但是事情都做完了。搁置好几年的事情开始有了眉目，我每天都不敢相信自己做了那么多事。不只是我的工作效率提高了，我对自己的看法也改变了。我不再认为自己没脑筋，我发现自己和别人一样聪明，我开始觉得自己并不是没有用。事实上，我是很不错的。这是很大的改变。我只觉得可惜，没能早点发现自己的问题出在哪里。"

有许多其他的因素会使人无法专心。最常见的原因包括生活过于忙碌、生命中的创伤打击、抑郁、药物滥用、过量服用处方药、焦虑性障碍、悲伤反应、生活中发生重大改变，以及其他需要医生诊断评估的疾病，如癫痫病。当然，有的是未受治疗的注意障碍。

当患者没有多动症状时，注意障碍很难被诊断出来。患者在别人眼中只是个"散漫"的人，你会想抓住他，用力摇一摇他说："醒醒！用心点！你难道不明白，你是在浪费生命吗？"如果有人停下来想想，这个问题也许不是懒惰、不是散漫，而是更复杂的因素在作祟，那么大家会从不同的角度看事情，这样也许生活可以开始变得更好。

焦虑型的注意障碍

对某些患者而言，注意障碍意味着长期焦虑。对他们而言，分心或冲动不是主要的问题，不断的焦虑才是最主要的问题。

他们的焦虑可以分成两部分，一部分合理而明显，另一部分比较难以理解，也较不易察觉。合理而明显的焦虑是指一个人习惯性忘记自己的责任、做白日梦、言行冲动、迟到，以及迟交作业等，这是所有注意障碍患者的典型症状。这样过日子当然会有焦虑感。"我又忘记什么了？这次又会出什么错？""我要怎样维持这一切而不垮掉？"

隐藏的焦虑很难令人相信，可是我们在临床上却屡见不鲜。这里是指患者积极追求的焦虑。这种患者每天一醒来，就开始寻找一些让他焦虑的事情。一旦找到了，他就像"热感应火箭"一样，咬紧了不放。无论事情多小，痛苦多大，患者会一直焦虑，一直放不下来。其中有些人确实患有强迫症，但是大部分人不是。事实上，他们用焦虑来组织自己的思路。他们宁可痛苦地焦虑，也不愿意活在一片混乱之中。

听听一位患者的形容："我一旦想通了让我担心的一件事，就赶紧再找另一件事。通常不是什么大不了的事情，比如账单、两天前谁对我说的话或是自己是否太胖之类的。可是我会一直想，直到把自己的情绪搞得很差。"

这种注意障碍的特质就是以焦虑为生活重心，这很常见。为什么会这样呢？部分原因是患者通常不知道自己为什么这么做，就像大多数思维习惯一样，这种习惯会一直存在，直到患者自己洞察到，才能开始改变。

另外一个原因是我们称为"刺激反应"的现象。它的过程如下：

1. 某件事"刺激"了大脑。 这件事也许只是生活中的一个转变，比如醒来、由一个地方到另一个地方或是听到某个消息。事情通常很小，可是有了这个"刺激"，大脑就需要整理一下。

2. 患者觉得惊慌失措。 大脑不知道要怎么办。大脑本来在注意一件事，现在忽然要它改弦易辙，这是很混乱的。所以大脑会想立刻抓住最显眼的一件事。"担心"是很"显眼"的，因此成为大脑组织自己的手段，于是开始担心不已。

3. 焦虑取代惊恐。焦虑当然令人痛苦，但至少是有组织的。我们可以每天对自己说上一千次"她那样看我，是不是生我的气了"或是"我考试及格了吗"。"刺激"引起的惊恐被专注于焦虑的痛苦取代。

整个过程就是要避免混乱。没有人喜欢混乱的感觉，但是大部分人能够忍受生活中的短暂混乱，由一件事切换到另一件事，一个刺激变成另一个刺激。但注意障碍患者的大脑做不到，它锁定焦虑，觉得有了秩序，但是也很难再松绑了。

抑郁型的注意障碍

有时候，注意障碍患者是因为某种情绪困扰才来看心理医生的，而抑郁是最常见的情绪困扰。虽然注意障碍中分心、冲动、静不下来的特质和抑郁无关，但是注意障碍和抑郁症常常并存。

只要想象一下这些人的生活，就不难理解为什么他们会抑郁了。从童年时期开始，注意障碍患者就长期活在挫折和失败中。患者会觉得何必再试呢，反正也没有用，生活太艰难了，要做太多挣扎，也许死了还更好一些。

面对绝望，注意障碍患者的生命韧性令人敬佩。他们不放弃，他们一直挣扎着。他们被无数次打倒，但他们还是会再站起来，很难永久压制他们。他们往往不会自怨自艾，相反，他们会生气，会站起来再试一次。我们可以说他们很倔强，他们就是不放弃，但是他们会觉得非常沮丧。

虽然生活经历可以导致抑郁症，但是抑郁症和注意障碍也可能有生理上的相关因素。注意障碍可能和生理性抑郁症（非生活经历导致的抑郁症）拥有相关的病理原因。它们可能在生理上以及基因上是有关联的。一个部分出了错，另一个部分也会出错。

哈佛医学院的詹姆斯·赫德森（James Hudson）和哈里森·波普（Harrison Pope）在他们的研究中推测，有几种不同的疾病，包括抑郁症和注意障碍，可能有共同的生理异常。他们称之为情绪异常症候群（group affective spectrum disorder)，这些异常状况包括贪食症、强迫症、猝倒症、偏头痛、惊恐障碍以及肠易激综合征。这个症候群里的疾病对相同的药物都有反应。临床证据显示，它们之间是有关联的。如果同样的药物可以治疗抑郁症，也可以治疗注意障碍，那么这二者是否相关呢？虽然这二者不是必然相关，有些不同的疾病确实会对相同药物有反应，但是至少值得我们从这个角度思考一下。他们的研究强烈支持这些疾病是有关联的。

既然生理上和生活经历上都有相关性，难怪抑郁症和注意障碍常常会同时出现。但是注意障碍患者的情绪问题有时不易被察觉，它没有抑郁症患者那么严重，可是比一般人的沮丧严重得多。

听听这位患者的描述："我觉得我从来没有真正快乐过。从我记事起，就有一种哀伤的感觉挥之不去。有时候我可以忘掉它，我猜你会说我那时候是快乐的。但只要我一开始想，情绪就变坏了，这不是绝望。我从来没想过要自杀或是任何类似的事。我就是从未喜欢过自己，不喜欢生活，不喜欢未来。这真是很辛苦。我一直以为生活就是这样，一连串的失望，中间偶尔有一些希望。"

这位患者的描述让我想起塞缪尔·约翰逊（Samuel Johnson）。约翰逊患有抑郁症和注意障碍。他说："生命不是从一种快乐到另一种快乐，而是从一个希望到另一个希望。"他也说过："生命苦多乐少。我们活在一个充满罪恶和哀伤的世界里。"这种长期的哀伤、不快乐常常伴随着注意障碍出现。有时候，当注意障碍得到治疗时，患者的哀伤情绪可以解除，就好像白内障被割除了一样，患者终于能够看到光明，而不是只看到一团混乱或一片模糊。这种注意力问题使患者无法看到快乐，无法看到秩序，无法感觉到生活是美好的。

上面这位患者从未想过事情可以解决，因为他看不到解决的一刻。他总是因一些小小的担忧而分神。他如此容易分心，因为那些担忧让他无法专心，他总是无法看清全局。他感到长期失望不只是因为真正的失败，更是因为他无法看到秩序和世界的稳定性。

我们并不是说所有的抑郁症状都是由注意障碍引起的，但是确实有许多人会一直感到抑郁，这是注意障碍的特征。

原发性的注意障碍可能引起次发性的抑郁症，但是注意障碍和抑郁症也可能在一开始就因为彼此之间的相关性而同时存在。

学习障碍型的注意障碍

有学习障碍的患者的痛苦是需要不断地努力追赶其他人，而最让他们痛苦的是，无论怎么努力，他们依然在语言上、思想上、表达上、创造力上、阅读上、文字上、人际关系上以及感情上与其他人存在差距。

但是我可以肯定地说，各种异常所带来的快乐也在于这富于幻想的差别上。阅读障碍儿童或注意障碍儿童也许会跌跌撞撞，也许会和文字、书本或其他人脱离，但是他也可能会大放异彩。他可能用新的、令人意外的方式连接事情，以自己的方式发现新的美好事物。所以我们必须让这些孩子的心灵之窗干干净净，不受羞辱、批评、失败和自我价值贬低的污染。

第6章 不多动一样可以分心

一位心理医生的医学报告写了一个被认为有写作恐惧症的小男孩的故事。

卡尔有写作恐惧症，我根据心理测验和投射测验的结果得出了这个结论。投射测验揭示了在压力之下，他无法找到自己需要的文字，也无法充分运用心像记忆的能力，这导致他书面表达的能力受到一定程度的限制。所以他会逃避和写作有关的各种外界刺激和压力。其中相关的心理动力层面的神经因素很复杂，因为卡尔能够感觉到父母内心的冲突。这个8岁男孩非常早熟，他非常了解妈妈在文学创作上未能有所成就的遗憾，以及爸爸对自己身为电视编剧成功且自卑的情结。神经因素加上心理因素使卡尔非常迷惑，他无法决定自己到底要不要写作，到底应不应该写作，也不清楚写作到底是怎么回事。除非这些因素消失，否则他会一直惧怕写作。我的建议是不要破坏卡尔的内心防卫，要尊重他的自我防卫系统，并等待这些因素消失。如果情况得不到改善，他可以在上作文课时到资源教室。

我的朋友、学习专家普丽西拉·韦尔看了这份报告后，大笑着说："这是什么意思？"她无法相信这份报告，决定尝试不同的方法。她告诉卡尔，虽然她知道他很想写，但是他每天只能在一张规格为3cm×5cm的卡片上写。然后韦尔开始和他玩各种好玩的写作游戏，比如猜谜、列愿望清单、写信给偶像等。很快，卡尔就要求更大的卡片。

韦尔摸着下巴说："我不知道为什么你需要那么多空白的地方。"

卡尔求她："韦尔太太，拜托啦！"

"如果你觉得自己可以应付得来……"

卡尔打断她的话:"应付得来?我可以应付更多!"

很快,卡尔的写作水平比专业作家还好。"写作恐惧症"和资源教室都被丢到一边,卡尔忙着写作文,压根不知道自己有写作困难。

我觉得人们和文字的结合就像和情人的结合。在最奇怪的时间、最奇怪的地方,碰到彼此。也许是一个下着雨的周日的午后,在自助洗衣店里遇见;也许是在一场婚礼中,隔着舞池看到彼此。他们不需要事先安排,就遇见彼此了,不需要按照什么步骤建立关系。他们也许花很长一段时间谈恋爱,也许立刻陷入热恋。开始,他们也许一直躲避对方,就像卡尔的例子,或者他们可能一见钟情。有的人用很正式的优雅的文字表达自己;有的人用街上的流行语言表达自己;有的人把自己的文字写成海报贴在电线杆上;有的人则喜欢把自己的文字藏在口袋里;有的人吞吞吐吐地表达,像紧张的情人,手上拿着帽子,说话结结巴巴。我们和文字的关系各不相同。即使关系很成功,也经常有人会遇到困难。文字虽然这么美,这么多样化,这么吸引人,但是它也可能令人受挫、困惑、生气或受打击。

韦尔是一位语言专家,她善于辅导有语言沟通困难的夫妻。基于过去的经验,她的直觉告诉她应该如何让卡尔喜欢写作。她知道如何把他从墙边吸引到舞池里,教他一两个舞步,舞蹈的魅力自然会帮助卡尔克服对文字的怯意。

韦尔和其他文字工作者都知道:文字不是工具架上的榔头,你不能说拿下来就拿下来。文字是一个有生命的伴侣,一辈子跟着你。对许多人而言,语言文字是他们一生最好的朋友。

对某些人来说,语言文字从来不是一件容易的事。文字这个伴侣总是需要努力才能保持它对你的忠诚。这些人永远不知道要拿文字怎么办。我也是其中之一，我不但有注意障碍，也有阅读障碍。我们和文字的关系永远是不可预测的。我们一会儿像是林肯在写伟大的葛底斯堡演说稿，一会儿像是笨拙的一年级小孩。

20世纪60年代，我还在读高中的时候，学习障碍的分类很简单。当时只有一种学习障碍：愚蠢，解决的办法也只有一个：更用功。我们知道补救教学，也知道有人数学好、有人英语好，少数幸运的人二者皆行；还有些人听过阅读障碍一词，但是除此之外，我们对学习障碍没有更深入的了解。

现在，我们对学习的了解与日俱增。当然，了解越多，事情越复杂。专有名词太多了，许多报告看后叫人头昏。常见的名词包括"听觉过程困难""视觉/空间解读异常""语言接收异常""非语言性学习障碍""单词选取困难"，以及"语言学习障碍"等。这些都是很有用的名词，可是除非你天天用得到，否则根本弄不清是什么。专家们往往有自己的一套术语，为了让自己的理论脱颖而出，他们互相竞争。专家有开不完的会来为这些术语命名，可是你刚学会一些新术语，他们又开会决定改变这些术语的名称。

我们无法要求科学发展放慢脚步，好让我们跟得上这些术语更新的速度，但是我们也不要被科学吓到。学习问题及注意障碍的专家解释得越多，越让人听得一头雾水。我们需要不靠翻译，就能听懂他们到底在说什么。

韦尔称这些孩子是"谜一样的孩子"。这些孩子令人不解，他们不像其他孩子，我们无法完全了解他们究竟是怎么回事。他们有时候很好，有时候很糟，有时候比别人学得还快，有时候却看着窗户发呆。他们可以在课堂外自己解决一些复杂的数学问题，但是在课堂上却无法应付考试。想更进一步了解这些孩子的人，应该读一读韦尔写的《有学习问题的聪明孩子》（*Smart Kids with School Problems*）和《天才儿童的世界》（*The World of the Gifted Child*）。

这些谜一样的孩子（还有谜一样的成人）令人费解的原因之一是，他们有注意障碍。注意障碍常常伴随着某些学习上的困难，但看你用什么标准，以及你所指的是何种学习困难，10%～80%的注意障碍患者都有学习障碍。差别在于你如何给学习障碍下定义。布鲁斯·彭宁顿（Bruce Pennington）写的《学习障碍诊断》（Diagnosing Learning Disorders）是一本很有用的书，里面有各种学习障碍的分类和说明。在这个复杂的领域里，彭宁顿清晰地说明了各种研究结果，外行人及专家都能从中获益。

在彭宁顿的神经心理学说中，注意障碍是学习障碍的一种。学习障碍指的是一个人的神经心理系统异常，因而会影响学习效果。当然，如果一个人有其他情绪或社会行为问题，也可能导致学习成绩的下滑。许多人的学习障碍是智力发育迟缓造成的，但是彭宁顿在书中讨论的则是阅读障碍、注意障碍、发展性语言异常、右脑学习障碍（包括数学、书写、艺术、社会认知等方面的困难）、孤独症谱系障碍，以及后天性记忆障碍（往往是由闭合性头部损伤或癫痫引起的）。数学、阅读及语言上的学习障碍，在彭宁顿的学说中都是学习障碍的一种表现。

因此，注意障碍是学习障碍的一种。患者也可能有其他的学习障碍，如阅读障碍或后天性记忆障碍。患者也许在某方面有学习无能（learning disability），如计算障碍。

无能和障碍的差别也许一时不容易分清楚。无能其实就是某种障碍，指的是某种能力的缺失，诸如计算障碍、语言缺陷和拼写障碍。障碍并没有那么具体，一般会影响整体的认知。

由于注意障碍会影响所有的认知领域，它会使任何一种学习无能恶化。注意障碍本身并不是一种特定的学习无能，虽然它不会摧残人的认知能力，但是它的影响力是广泛的。注意障碍患者常常也会有计算障碍或语言缺陷，特别是学外语的时候。

计算障碍值得我们探究。导致计算障碍的因素有很多，其中包括文化。有些女孩从小就被大人洗脑，令她们坚信女孩学习数学的能力很差，渐渐地发展出一种数学恐惧症。有些人是神经异常引起的学习困难。神经异常引起的学习困难也有很多种，有的人有空间关系的问题，有的人有观念形成的问题，有的人则有记忆与计算的问题。知道问题到底出在哪里之后，你才能决定要怎么办。数学及语文障碍都有补救教学，可以请家教或是使用特殊教具。教学中的特殊辅导会有一些帮助，但是并不能解决一切问题。障碍永远会存在，这是无法治愈的。我们只能学着接受并尽力适应。

你如何判断一个人已经够努力了呢？何时才能允许他停下来？最好是由学校、家庭、患者和学习专家一起做这个判断和决定。你不想过早放弃，以免错失发展潜力的机会。但是你也不想一直拖着毫无进展，让宝贵的时间不断流逝，让自尊心受到打击。学习环境必须保持弹性，患者才可能充分发挥学习潜力而不至于损害自信。

最常见也最常被讨论的学习障碍就是阅读障碍。根据不同定义的计算，美国有 10%～30% 的人口有阅读障碍。简单来说，阅读障碍就是患者在阅读或书写母语上有困难，而且检查不出其他原因，比如受教育程度低、视力或听力不佳、大脑损伤或发育迟缓。阅读障碍也有许多不同类型，有的人拼写特别困难，有的人会把单词中的字母颠倒过来阅读。有的人虽然不会把单词颠倒过来阅读，但是仍然无法用正确的方式阅读，他们会跳词、跳行或读错单词。根据哈佛大学阿尔伯特·加拉布尔达（Albert Galaburda）的报告，阅读障碍患者的大脑和常人不同，他们大脑皮层上有异常的结节。这些结节可能会干扰语言和图像的神经传导与解读。这些干扰会进一步使阅读、拼写、写作出现问题。注意障碍的主要症状，比如分心、冲动以及静不下来，可以导致阅读很困难，所以会引起类似阅读障碍的症状。**但是，大脑皮层异常结节引起的阅读障碍和注意障碍引起的阅读障碍是两种不同的疾病。区分这个很重要，因为治疗方法不一样。**

这两种疾病可以同时存在，也可以分别存在。注意障碍在阅读障碍患者中发生的频率高于普通人群。但是，在注意障碍患者中，阅读障碍发病率并没有增加。换句话说，如果你是阅读障碍患者，你比一般人更有可能患上注意障碍；然而，如果你是注意障碍患者，你患阅读障碍的可能性并不会比一般人高。

注意障碍患者也常常有听觉问题。听觉有问题的人会无法完全理解所听到的话。这些人的听力正常，声音可以进入大脑，可是声音进入大脑后，他们却无法完全理解它的意思。

例如，学生听到老师说："乔治·华盛顿是美国的第一任总统。"但是，他会理解成："美国的现任总统是乔治·华盛顿。"如果有人问他乔治·华盛顿是谁，他的回答可能会错得离谱。

这些有注意障碍的孩子的社交体验可能很糟糕，因为他们听不懂别人在说什么。同样，成年患者的工作及人际关系也会受到影响。

我们仍不十分了解听觉过程的困难对学习及人际互动的影响有多深。尤其当某人患有注意障碍时，人际互动的问题将影响他的一生。

无论其定义或成因如何，学习障碍都会令患者感到痛苦。以下是小说家约翰·欧文（John Irving）回忆起自己在菲利普斯埃克塞特中学（Phillips Exeter Academy）就读时的情景。

我就那样接受了当时的观念——我功课不好，所以我一定很笨。

三年的外语课我花了五年才修完。高二和高三的数学成绩都不合格。第一年的拉丁文拿了60分，第二年的拉丁文不及格，于是我改修西班牙文，差点儿又不及格……

高中的时候，没人说我有学习障碍，我就是笨嘛。我的拼写考试不及格，得接受课外辅导，就因为我拼写不好，其实直到现在我还是不太会拼写，他们叫我去看学校的心理医生！这个建议实在没道理，我到现在还是不懂，可是那时候在埃克塞特中学，如果你的功课不好，你就会觉得很自卑，久而久之你就不得不需要心理医生。

真希望我在埃克塞特中学的时候就知道为什么我的学习那么困难，真希望我能告诉朋友我有阅读障碍或学习障碍。可是，我只是静静地在最要好的朋友面前说笑话，讥笑自己是个大笨蛋。

有学习障碍就已经很惨了，还要被别人嘲笑愚笨、懒惰之类的，这足以毁掉一个人的自尊心。学习障碍患者经常遭受别人的道德谴责。直到近些年，大家才比较理解他们。

我想在这里提一下，我们的社会有些成见，使注意障碍和其他学习障碍的诊断变得很困难。我们一方面具有冒险精神，一方面又极为严格与保守。在我们的社会中，有许多心胸宽广的人，也有许多爱指责别人的人。我们虽然同情弱者，却也相信每个人都要自力更生，爱拼才会赢。

这种矛盾在学习障碍患者身上体现得很明显。虽然美国不断进行教育改革，但基本的原则仍是优胜劣汰。我们似乎认为学校是自由竞争的市场，聪明者能生存下来，如果遇到困难，那一定是你不够聪明。虽然事实不是这样子，但是似乎所有的学生、家长和老师仍然把学生分为聪明和笨蛋两类。

这种优胜劣汰的想法使上学变成很痛苦的经历。

我们现在有足够的信息，可以及早诊断出有学习障碍的孩子，使他们不至于每天忍受被人误解、被人说笨、听不懂老师在说什么，以及思考自己到底是怎么了等情感上的伤害。

想想孩子带到学校的纯真好奇心多么珍贵且重要。他们的好奇心里面，有多少知识的触角，有多少隐藏的自尊心。如果这些触角在学校里被滋养着成长，许多年后会形成扎扎实实的知识，那么孩子会有动力学习新知识，也会对自己有信心。想想孩子吹泡泡时的表情、孩子用扑克牌堆房子时的表情或孩子第一次骑自行车时的表情。那些专注的表情证明孩子是多么想把事情做对。再想想自己小时候学习新东西时那种兴奋和害怕的感觉，或许最怕的不是失败，而是被别人嘲笑，被别人羞辱。

我从成年患者那里听到许多有关学校生活曾出现问题的故事。他们说起这些故事，好像经历了一次大灾难一样。我听到很多故事，一开始他们比较麻木，没有多少情绪，只是描述在学校里发生了什么事。慢慢地，当我用同理心去了解他们的处境时，他们就开始有各种情绪了，比如受伤害、愤怒、失望及恐惧。

30多岁的法兰妮说："你根本不知道我有多么痛恨上学，那简直像一场噩梦。我只求不要受到伤害就好了。我总是说'不知道'，免得答错了。其实我很喜欢阅读，也喜欢写东西，可是老师只看到我读得慢，功课交得晚，字写得不好看，拼写总是出错。一个老师跟我说：'你写的字像是白痴写的。'她还不是个坏老师，她只是想用激将法逼我写得好一点儿，但一个10岁的孩子不会那样想。我开始觉得自己是个大白痴：喜欢阅读，也喜欢写东西，可是不会写，也不会拼。我真的以为自己有毛病。我开始怕交朋友。每年我只有一两个普通朋友，他们也是班上功课比较差的学生，没有人和我们交朋友，于是我们就变成朋友了。有一年，我们竟叫自己是废物。"

经过测验，我发现法兰妮有阅读障碍和注意障碍。学校对她的自尊心造成的伤害，使她的治疗过程倍加艰辛。不过，最后她还是生活得不错，自己开了一家私人工作室，给有学习障碍的女孩做课外辅导。

如果有疑问，神经心理测验可以诊断出注意障碍患者是否也有学习障碍。诊断越详细，治疗越能对症下药。可以尝试回答下列问题：患者只有注意障碍吗？还是有计算障碍？患者的阅读认知如何？他的认知优势和认知劣势是什么？

这些测验是神经心理模式的一部分，基本上都是纸笔测验。有的像是我们小学时做的阅读测验；有的像是游戏，例如拼图或凭记忆画出一些几何图形；有的是看图说故事，或用几句话编一个故事；有的是数学问题。如果测试者足够敏感，就会玩得很愉快。通常这些测试能够看出孩子的问题所在，包括注意力测验、记忆力测验、观察力测验、听觉理解力测验、空间关系测验、词汇测验、计算能力测验、一般知识测验、冲动性测验。有时候神经心理测验也会包括视力和听力测验，以及神经系统的检查。

同时患有阅读障碍和注意障碍的患者往往也是创造力和直觉能力很强的人。如果给予适当的治疗，他们的发展都可以很好。

躁狂型的注意障碍

有时候，注意障碍患者看起来好像有躁狂抑郁症，因为这两种综合征都会表现出情绪高涨。躁狂抑郁症的特质是周期性的情绪波动，从非常高涨到非常低落。情绪高涨的躁狂期很像注意障碍，他们会精力充沛、容易分心、冲动、不顾个人安全。

我们可以用强度来区分二者。一般的人可以模拟注意障碍的充沛活力，但是无法模拟躁狂症的高涨情绪。躁狂症是由非药物引起的，但有较强的驱动力。躁狂症患者可以好几天不睡觉，或把全部积蓄一下子花光，或自认是重要人物，或从早到晚不停地说话。

躁狂症患者是完全失控的，他们慢不下来。他们讲话速度非常快，一个字一个字好像被弹射出来似的，我们称之为"机枪嘴"。和这种人讲话会使人想躲，那些话好像是朝着你射过来的。患者的思绪还会从一件事跳到另一件事，这叫作"思维奔逸"。对他们来说，保持语速缓慢是不可能的。让我举一个例子，这是我在精神科住院病房实习时的一次经历。

"琼斯先生，早安。"

"医生，早安。你的领带上有好多小东西，早安。世界上所有的小东西，早安。对了，小东西代表混沌，混沌是物理学和数学的最新发展成果，很快就要变成一门学科了。如果你的微积分没学好，你是不会懂的，混沌这个话题就会飞走，好像牛飞过月亮一样。你小时候一定听过《牛飞过月亮》那首儿歌。医生，你以前是个小孩子对不对？我敢说每个人都曾经是小孩子，这一点我很有把握，这个假设可以成立，我以前有一个老师总是说'不要假设任何事'。好建议，尤其是对看星象的人而言，你同意吗？天上的星星比所有的大脑加在一起还多，大脑连在一起像是香肠，早餐的香肠很好吃！"

注意障碍患者也可以一直转换话题，但是不会像躁狂症患者这么突然，像是被压力射出来似的。注意障碍患者也可以精力充沛，但是不会像躁狂症患者这么强烈。

这两种病症可能同时存在。注意障碍患者既可能表现出躁狂，也可能表现出抑郁。

换个角度看，精力特别充沛的注意障碍患者也可能被误诊为有躁狂抑郁症。这会对治疗有不利影响，因为治疗躁狂的药物——锂盐，不仅对注意障碍无效，还可能使它变得更糟糕。所以，如果一个人特别躁狂却对锂盐没有反应，就要考虑是不是注意障碍了。

让我们来看个例子。43岁的詹姆斯来做注意障碍检测。12年前，他已经被诊断为躁狂抑郁症。他一天服用1 800毫克的锂盐，剂量非常高。他说12年来，剂量一直在慢慢增加。他似乎一直处于不专心的状态，他不觉得锂盐对他有效，但是他不敢停药。

他的故事确实令人震惊，尤其是他的工作史。12年前被诊断为躁狂抑郁症之前，他已经做过124份工作，都是有工作证明的。就是因为他这么频繁地换工作，才会被认为有躁狂抑郁症。他会在工作做到一半时，忽然开始大声疾呼，宣布世界上的丑闻；或是认为自己的工作方法比较好，于是就开始骂老板；或是自认为会找到更好的工作，于是就辞职了；或是忽然要去追求疯狂的梦想；或是因为太多动，无法和同事相处而被炒鱿鱼。

一个智商144的聪明人，目前在做守夜人。这是他坚持得最久的工作，有17个月了，可能因为做守夜人只有他一个人，没有人指使他做事，他也不会辱骂他人或和他人吵架。他每天守夜前还会上大学夜校，但学业不太顺利，因为他无法专心。

我觉得詹姆斯的病史虽然很像躁狂抑郁症，但是也很像注意障碍。既然锂盐无法控制病情，其他治疗躁狂抑郁症的药物也无效，那么我们决定试试利他林。我们一边逐渐减少锂盐剂量，一边开始让他服用利他林，并同时注意他是否会有躁狂发作。

治疗的效果惊人。詹姆斯觉得服用新药物之后比以前更专注，用他自己的话说就是比以前更"像是在活着"。他在夜校的成绩突飞猛进,平均分数是95。他太太简直不敢相信这个变化。"他好像脱胎换骨一般。我一直知道他很聪明,只是直到现在他才表现出来。"

6周后,他完全不服用锂盐了,躁狂症也没有发作。他一直适应良好。

物质滥用型的注意障碍

注意障碍的种类有很多,物质滥用是其中最难发现的,因为物质滥用本身就会引起诸多问题。如果一个人酗酒、吸食可卡因或大麻成瘾,我们的注意力会放在毒瘾上,而不会考虑到患者为什么吸毒。注意障碍是物质滥用的原因之一,是可以治疗的。

酗酒、吸毒的原因有很多,而享乐、逃避痛苦、融入群体、放松等都是常见的原因。当一个人使用酒精或毒品成瘾时,就成为一种疾病。现在人们普遍认为,酗酒是一种疾病,有遗传因素,但也有治疗方法。到底是痛苦使人酗酒,还是酗酒引起痛苦,这仍有争议。也许酗酒和这些都无关,纯粹是一种生理疾病。

研究物质滥用的专家,同时也是心理医生的爱德华·康特恩(Edward Khantzian)认为,物质滥用也许是一种自我治疗。这个观念比酗酒是一种生理疾病的观念更难被人接受。他认为,某些人吸毒就像是医生用药,是在治疗某些内在疾患。不管是酒精、可卡因、烟草、大麻,还是其他物质,都是针对情绪问题的自我治疗。这些物质会造成一些生理及情绪上的问题,于是需要重复用药来解决这些副作用,这就好像治疗宿醉头痛的有效方法是再喝一杯。可是一开始的时候,滥用可能是为了治疗某些不好的感觉,比如用酒精治疗抑郁症，用大麻提升自尊心。

这个观念对于理解注意障碍和物质滥用之间的关系特别有用。许多未确诊的注意障碍患者总是感觉很糟糕，却不知道为什么。有的很抑郁，有的很焦虑，许多人觉得无法集中精力，像是活在一种和世界失去联结的不明状态中，期待找到一个可登陆的地方。这种不安的感觉没有具体症状，甚至没有一个名字，有的心理学家称之为"病理性心境恶劣"（dysphoria）。在患者眼中，这就是生活。一个人可以一生都活在这种状态中，而不知道自己是怎么回事，这就是他生命的一部分。我们的许多感觉也是如此，被我们视为理所当然，在我们给它们命名之前，它们一直是我们人格的一部分。给这些感受命名能够产生一些积极的影响。如果我们能够说"我很难过"，难过就会减轻一些。一旦我们知道自己的情绪是什么，我们就比较能控制它或改变它。反之，如果一个人无法说"我很难过"或"我很愤怒"，那么他就会不知不觉地被这些情绪牵着走。

注意障碍引起的病理性心境恶劣也是如此。这种自我内在无法专注的感觉很特别，许多注意障碍患者都有这种感觉。如果患者不自知，也未接受治疗，他就很容易走上自我治疗的物质滥用之路。

以可卡因为例。可卡因是一种兴奋剂，治疗注意障碍最常用的药物利他林也是一种兴奋剂。一般人吸食可卡因时会感到精力不集中。但是注意障碍患者使用可卡因时反而会感到专注，就像服用利他林的效果一样。他们不会觉得情绪高涨，反而会突然觉得头脑清醒，也能专心了。当患者不知道自己有注意障碍，却因缘际会尝试了可卡因时，他会觉得找到了救星，于是无法自拔。有趣的是，在有关可卡因的文献中记载，有 15% 的成瘾者觉得可卡因可以使他们专注，而不是使他们觉得情绪高涨。这 15% 的成瘾者可能都有注意障碍，他们不知不觉中正在用可卡因进行自我治疗。

可卡因可以减轻注意障碍引起的病理性心境恶劣，酒精和大麻也有同样的效果。酒精可以减少注意障碍患者的抱怨，也可以暂时减少注意障碍患者常有的焦虑感。不过，酒精是一种镇静剂，长期酗酒引起的宿醉头痛及戒断症状反而会增加焦虑感。同样，大麻可以使内在宁静，帮助患者冷静下来。但这只是暂时的现象，长期吸食大麻会降低生活热情。

如果一个人同时有注意障碍和成瘾症，必须同时治疗。治疗注意障碍才能降低患者再度成瘾的可能性。

让我举一个例子。彼得 23 岁时因为贩卖大麻入狱半年，他一出狱就来找我治疗。入狱之前，他已经吸食大麻成瘾到了不能自拔的地步，他的生活完全绕着大麻转。在监狱里，他读到一篇关于注意障碍的文章，并把这篇文章寄给他的妈妈看。根据他小时候在家里和在学校的表现，他的妈妈认为他可能有注意障碍。可是出狱之后，他碰到了其他有吸毒前科的人经常遇到的问题。医学界对这些人有极大的成见、恐惧，甚至厌恶，大部分医生不欢迎有吸毒前科的患者。这是可以理解的，但是也是很不幸的。他们需要治疗，才不会再度因吸毒入狱。但是他们很难找到愿意医治他们的医生，只要被拒绝几次，这些人就会再度使用旧的自我治疗方式——吸毒成瘾。

彼得说服我，让我觉得他真的想寻求帮助，我决定对他进行医治。我看了他妈妈给我的学校记录，听了他和妈妈对他童年的描述。这简直就是典型的注意障碍。事实上，有一位儿科医生已经诊断出他有多动症，但是没有继续做进一步的诊断。彼得的高中成绩一直很差，虽然他的智商有 126，但注意障碍会导致测验结果偏低，实际上他的智商可能更高，他没读完高中就辍学了。

第6章 不多动一样可以分心

问题接踵而来，这个帅气、聪明、中产阶层出身的男孩最后进了监狱。出狱之后，他开始努力改变。一方面，他仍然充满愤怒、嘲讽、怨恨；另一方面，他下定决心要戒毒，继续读书，加倍努力。

注意障碍治疗给了他一个转机。他说："我现在根本不想吸大麻了，好像我服用的药物使我不想吸大麻了。"他找了一份工作，开始念夜校。他给自己定了很高的标准，他的学习成绩是班上最好的，他在工作上的表现也很好。他的女朋友一直不离不弃，即使他入狱服刑也没有弃他而去，她说她相信一切都会好转。治疗效果最戏剧化的报告来自彼得的妈妈，她给我写了一封信，节录于此。

亲爱的哈洛韦尔：

上次你看到我，我还是个绝望的妈妈。这个周末是彼得开始服药后第一次回家。我几乎无法形容我心里的感觉。

这个周末回来的彼得，就是我一直希望看到的彼得，我相信这才是他真正的样子。这是他此生第一次好好坐在椅子上和我们讲话。

以前，每次他和他爸爸一起做事或只是简单地聊天，我的心就会怦怦乱跳，就像定时炸弹一样，似乎随时可能爆炸。现在我看着他们一起讲话，一起笑，一起把东西放到车上（以前光是做其中的一件事他们就会吵起来）。他爸爸的感觉是，彼得回家真好。

我的感觉真是无法形容。我们一直讲话，讲到周日凌晨3点。这些年，包括最凄惨的时光，我都有一个奇怪的感觉，这也许只是一个当妈妈的人的痴心妄想，但我真的不觉得我是那种望子成龙以至于充满幻想的人。彼得除了平凡的外表、长头发以及他喜爱的重金属音乐之外，我一直觉得他很特别。现在这些特质开始表露出来了。也许只是因为我看到他和女朋友在一起的样子，听到他们的笑声，感受到他们对彼此的关怀以及一起为未来制订计划。我看到他有了努力的方向,而且知道他在这方面有才华。

以前,眼看着自己心爱的儿子沉沦,包括和坏人交往、吸毒、自卑、犯法、入狱,我们的心都碎了。任何父母都会觉得日子过不下去了,可是还得坚强地过下去。

之后发生了什么事呢?我儿子在杂志上看到一篇介绍注意障碍的文章,寄给我读,结果一切都改变了……

我们做父母的一直不肯放弃,这个周末回来的儿子让我们感到心安与爱。我们一直不肯放弃他,我们有力量坚持下去……

一年过去了,彼得做得很好,他再也没有吸毒。

创造型的注意障碍

虽然注意障碍患者往往极具创造力,但我们在这里把创造力特别强的患者作为注意障碍的一种类型进行讨论,目的在于强调创造力和注意障碍之间的相关议题。

本书限于篇幅,无法详细讨论创造力的定义以及其心理学及神经学根源。为了便于探讨,我们把创造力定义为总是想从新的角度看待种种生命现象,总是想把个人经验整合成新的模式,总是形成新的想法。

注意障碍患者思维中的几个元素有利于发展创造力。首先,患者较一般人更能忍受混乱状态。因为不专心,他们能同时接收来自四面八方的刺激,无法分辨轻重缓急,患者总是生活在一团混乱之中。他们习惯了混乱,他们期待生活就是混乱的。虽然混乱会造成许多问题,却也有助于产生创造力。为了重新组织生活，为了创造，一个人必须愿意忍受一阵子的混乱。一个人必须能生活在一个陌生的环境中。他必须能忍受陌生或未知引起的紧张压力，这样才会有新的经历。如果他太快下结论，因为想法太奇怪或太缺乏组织而中断，那么藏在幻想背后的许多美好的东西就会失去。

当注意障碍患者接收某种刺激时，比如一张图像、一句话、一张脸、一个问题，他不会立即把这些信息放在大脑中应该放的地方。他根本不知道那个地方在哪里。例如，他原本要把水费单收好，结果由水联想到去钓鱼，然后就想到为何不组织一群人一起去钓鱼。患者对刺激的反应极不可预料，这使得这些信息在头脑中被固化之前就转变了。这种容易把事情搅和在一起的倾向，一般人视为注意障碍的诅咒，但是这种倾向其实也是创造力的来源。

其次，注意障碍的特征之一就是冲动。创造力不也是靠一股冲动吗？我们无法计划有创造性的想法，有创造性的想法是自然出现的；它是冲动的结果，而不是计划的结果。我们可以训练脑子，也可以使环境更适合创造，使创造变得比较容易，但是当一个想法、一句话或是一张图像出现时，它是自己冒出来的。注意障碍患者就是这样。他们总是不知道自己身在何方，随时随地都有莫名其妙的想法冒出来。乘着冲动的翅膀，创造力就这么自然地飞过来了。

再次，有利于创造的元素是"超级专注"。这个能力在注意障碍患者身上常常看到，却常常被忽视。他们有时候在一件事情上可以极为专注。**很多人误以为注意障碍患者没有注意力，其实他们有注意力，只是无法有效地控制他们的注意力**。平常，他们的脑子很乱，但是当他们对一件事情感兴趣时，可能会完全锁死在那一件事上，很难转移注意力。一个注意障碍儿童可能会坐上几小时，组装一架飞机模型。注意障碍成人可能会非常专注地做一件限期完成的工作，或是用平常人 1/10 的时间把萦绕心头已久的计划做完。这种超级专注力好像是在燃烧大脑，并把一些路障给烧熔了，使神经的运作变得通畅，成果斐然。这种燃烧十分强烈，以至于事后需要冷却，需要分心。

最后，有利于创造的元素是注意障碍患者脑中被拉塞尔·巴克利（Russell Barkley）称为"过度反应"的现象。过度反应和多动类似，但是实际上比多动现象更普遍。注意障碍患者总是在反应，即使他们看起来很安静，他们的内心也在转个不停，各种信息跑来跑去，各种想法冒出来，一会儿爆发，一会儿消沉，没一刻是真正安静的。这种高度反应使各种想法互相碰撞的机会大大增加，因此创造力也增加了。每一次碰撞都可能激发出新的火花。

患者需要做的是掌握每次碰撞的结果。有的人一辈子都在尝试这件事。他们像一根带电的电线一样，一直闪耀着电光石火，但是没有插座让他们把这些想法释放到合适的地方。有的孩子在课堂上说俏皮话发泄他的创造力，有的成人有一长串的计划却从不实施。

冒险（刺激）型的注意障碍

一个成年患者说："我的梦想是什么？整天待在房间里；有三台电视同时开着，我拿着遥控器随意选台；电脑开着，传真机开着，音乐开着；接着电话，手上拿着报纸；同时有三件生意要我拍板。"

注意障碍患者，无论年纪大小，都喜欢寻找强烈刺激，这是主要症状之一。

有些儿童患者总是在行动之中。追求强烈刺激的成人往往有个多动的童年，爱做白日梦的非多动型儿童则不会变成追求强烈刺激的成人。多动儿喜欢新奇事物，需要能让自己兴奋的刺激。他们喜欢有活力、有节奏的生活。如果生活中缺乏冲突，没有刺激，他们就会制造一些刺激出来。例如，他可能找弟弟打一架，原因不是他在生弟弟的气，而是太无聊了；或者他会吵闹不停，不是有任何不满，只是因为无聊。他可能会在班上扮小丑逗大家开心，不是因为他特别需要关注，而是觉得课堂太无聊了。引起冲突、制造问题的那份刺激远比当个好学生有意思多了，家长及老师必须了解这一点。如果太在意他的行为，生他的气或反应强烈，都可能适得其反。

成年患者为了追求强烈刺激，往往会有一些高风险行为。大部分患者很容易感到无聊，会用最短的时间找一些事做，而追求刺激的患者尤其如此。他（通常是男性）也许追求比较安全的刺激。比如，总是等到最后一分钟才开始做一件事；进行大量的运动；很多件事同时进行；随身带着猜谜游戏，以免无聊；承担非常有挑战性的工作；不关注日程表上的计划是什么或存款还有多少，生活总是一团混乱；没事故意和人争论等。他也许追求比较危险的行动，比如赌博；追求危险的爱情关系；做没把握的生意；尝试很危险的运动，如垂直滑雪（一种非常危险刺激的运动，滑雪者从一片冰面上垂直滑下）、高空弹跳、赛车等。安静的地方会让他们觉得很累，在热闹、刺激甚至危险的地方，他们反而会觉得平静。

37岁的保险经理布赖恩就是个好例子。他每天早上慢跑9千米，在室内健身器材上再运动20分钟，六点半到办公室。他不是热爱运动，而是觉得必须如此，才受得了一天的工作，否则他会崩溃。即便如此，他的公司仍然视他为定时炸弹，并策略性地指派他出席某些需要有人发脾气的会议或是去对付难缠的客户。同事在他背后叫他"砰砰"，因为他的脾气是出了名的火爆。他总是处在被开除或是升职的边缘。

周末时，布赖恩会去寻找刺激。他试过垂直滑雪、赛车，尝试过跳伞。有时候他会故意开车违章，比如闯红灯、超速、逆向行驶，就是为了对抗他口中

"每天一成不变的生活"。他爱赌博，手气还不错。近来他喜欢在赛马场盲目下注，一次就是 500 美元，他甚至都不看赛马新闻，就随意地挑一匹马下注。一连输了四次之后，他来找我咨询。

他说："我倒不在意输钱，而是我为什么那么爱赌。我的意思是说，我不只是喜欢，我简直是爱死了。我真想再去盲目下个 10 万美元的赌注，虽然那样很快会破产，但我是真的想那么做。我觉得我的行为有点像爱上不该爱的人，明明知道不可以，可是就是控制不住自己，我身不由己。我终于找到这么一件让我专心的事了，别的事都不会让我如此兴奋。奇怪的是，赌博让我感到宁静，让我放松。在赛马场的时候，那些让我分心的东西全都不见了，平常它们好像一群蚊子似的，一直在我脑子里飞来飞去，随时要叮咬我。我的意思是，我一下赌注，我的人就全心全意地在那儿了。我是活着的，我可以看到、听到。玩过赌马之后，其他事情都显得逊色了。我现在每天早上得逼着自己去工作。"

布赖恩有注意障碍。他的治疗包括药物治疗和心理治疗，疗效很好。药物让他能够集中注意力，降低他对刺激的需要，之前他一直用强烈的刺激来帮助自己集中注意力。心理治疗能让他了解自己的情绪，感受自己的情绪，而不是赶快跳过去。像他这种人会追求刺激的原因之一，是他们无法忍受分心。一旦他们感到伤心、寂寞、害怕、无聊，他们就立刻采取行动来寻求解脱。药物让他能够专心，而之后，布赖恩在心理治疗过程中学习了如何留在情绪里。他发现情绪也可以有刺激性，而且还很安全又有用。

他不再赌博，并且正在调整自己，试着减少自己对刺激的依赖，以便过正常生活。他一直害怕治疗会使他变成一个无聊的人，结果并没有，他只是改变了生活中的乐趣而已。

赌博成瘾是一种常见的疾病，美国有 300 万～500 万赌博成瘾的患者。我们不知道其中有多少人也是注意障碍患者，初步估计这类人占 15% ～ 20%。和赌博成瘾相似的是购物成瘾，二者都和追求强烈刺激的注意障碍有关。就像彩票使赌博变得容易了一样，信用卡也使购物变得容易。疯狂购物的刺激可以使购物成瘾的人得到暂时的宁静。二者都可能造成个人财务危机，而治疗可以避免这种危机的发生。

以下是冒险（刺激）型注意障碍成人患者的症状：

- 长期的危险行为模式。
- A 型人格。
- 追求刺激。
- 成瘾行为。
- 暴躁的脾气。
- 锻炼成瘾。
- 非常没耐心。
- 习惯性赌博。
- 暴力行为。
- 事故倾向。
- 重复地闪电式恋爱。
- 长期过度消费。
- 其他无法控制的冲动行为，如偷窃癖、纵火狂。

这种注意障碍的典型特征就是要一直追求强烈的刺激。一旦你了解这种行为倾向，知道这种倾向的名字，你就会从身边的人身上认出它来。这类人全身散发活力，无论到哪里都会制造出一些事件。他们似乎随身带着一个放射性元素，一直释放能量。他们总是把握当下，活在行动之中，总是不肯停下来。即使在度假的时候，他们都可以把小木屋的一角变成办公室。他们可以把剩菜弄成大餐，讲话讲到一半就跑去做别的事了，或是请一支铜管乐队来为葬礼后的聚会助兴。和这种人在一起很有趣，也很疲劳。像布赖恩一样，他们可能事业很成功，但是也可能随时垮掉。他们可以是那种"敢去无人敢去的地方"的人，但是他们一旦去了无人敢去的地方，很可能会给自己带来危险。他们可能需要帮助。

虽然我们不完全了解这些人为什么这么需要刺激，但是我们真的常常碰到患有这种注意障碍的成人。也许刺激和危险就像药物一样，可以引起神经传导上的变化，让他们专注。注意障碍的常用药物是兴奋剂，它会刺激肾上腺素的分泌，而高危行为也会刺激肾上腺素的分泌，因此高危行为也可以被视为一种自我治疗。

另外，高危行为也可以提供动机。动机可以使人专注。当一个人动机强烈时，神经递质水平会产生变化，专注力会提高。危险状况下尤其如此。正如约翰逊所说："绝不会错，当一个人知道自己快要被吊死时，他绝对会非常专注。"

无论原因是什么，如果一个人特别爱追求刺激和危险行为，无法放松自己，没有强烈刺激就无法快乐，那么我们就应该考虑他是否有注意障碍。

那些我们简单地认为是 A 型人格的人，很有可能是隐性的注意障碍患者。虽然心理冲突可能引发这种行为，但只做心理动力学治疗可能会忽略生理因素，因此治疗效果不会很明显。

解离型的注意障碍

"分心"大概是注意障碍症状中最难正确评估的一项。我们虽然都知道分心是什么意思,但是很难精确地判断原因是什么。可能的原因包括:

- 注意障碍。
- 抑郁症。
- 焦虑症。
- 吸食毒品或戒断反应。
- 应激。
- 癫痫小发作。
- 咖啡因中毒。
- 睡眠剥夺,疲劳。
- 解离型障碍。

以上列举的还只是部分原因,正确了解症状背后的原因是很重要的。我们现在要讨论的是最后一项。

解离(dissociation)指的是一个人完全或者部分地丧失对过去的记忆和对自我身份的识别。解离状态下头脑一片空白,情绪中空,和外界刺激以及内在情感分离。经历了重大创伤的人,常常会通过解离来逃避回忆带来的痛苦,甚至在遭受创伤时就解离了,因为只有这样才能保护自己,才能忍受不可忍受的痛苦。这些创伤可能是童年时期遭受的虐待、经历的战争,或任何肉体和心灵上的重大痛苦,以致心理无法承受。

心理创伤引发的解离和注意障碍引起的无法专注是类似的。近年来，因为很多人的研究，比如朱迪丝·赫尔曼（Judith Herman）和贝塞尔·范·德·库克（Bessel Van der Kolk）的精彩研究，人们对心理创伤的了解增加了很多。随着越来越多关于儿童虐待的事件浮现，我们发现很多人曾经有过重大创伤，但是无法表达出来。因心理创伤而解离的人和注意障碍患者之间，到底有多少特征是重复的，目前还没有答案。

区分解离状态和无法专注时，第一个要考虑的是个人经历。比如，他有没有经历过重大心理创伤？当然，很多受害者无法记起他们所受到的伤害。通常，通过心理治疗，沉睡多年的记忆会逐渐浮现，患者会想起以前的可怕经历。心理治疗的安全和保护的氛围会让人放心走入回忆中，重新面对痛苦。

另外，即使没有经过诊断，患者的个人经历中是否有注意障碍的影子呢？注意障碍患者不会忘掉发生在他们身上的事，他们只是不了解为什么而已。

即使我们发现患者有注意障碍的病史，却没有心理创伤的历史，也不能断定他真的没有心理创伤，因为心理创伤的回忆也许稍后会冒出来。我们必须记住，当患者看起来像是无法专注时，他也许是处于解离状态。

具有边缘型人格特质的注意障碍

边缘型人格障碍（borderline personality disorder）在20世纪50年代首次被诊断出来时，"边缘"指的是心理病症和精神疾病之间的界限。这个名词一直沿用至今，今天我们对这种疾病的了解已经增加了很多。边缘型人格患者的内在自我十分不完整。他们非常渴望建立关系，几乎想和别人合二为一，一旦建立起了关系，却又马上逃开。他们曾经经历过精神极度痛苦的一段时期，充满愤怒、恐惧和沮丧。他们往往想自杀，年轻时会尝试自杀，最常见的是割腕或服药过量。他们通常死不了，自杀只是他们安慰自己的方法。把自杀当成安慰似乎令人觉得不可思议，但是患者都说非常难管理自己的情绪。有时候情绪像恶魔一般在内心膨胀，好像可以把整个人吞没；割腕或许会引起一些肉体上的痛苦，但是当血流出来时，恶劣的情绪似乎也跟着血液一点一滴消逝了。

边缘型的人格症状主要是愤怒，这种愤怒可能会随时随地毫无预警、毫无原因地爆发。边缘型人格患者对被人拒绝非常敏感。他们会把别人卷进他们的人生戏剧里，也会把照顾他们的人分成好人和坏人两种。他们无法看到人有好的一面，也有坏的一面，同时他们会把一些人理想化，又把另一些人丑化。他们经常通过滥用药物和酒精来治疗内心的痛苦，这些极端行为使他们的生活变得混乱、痛苦、无法预测，而且常常以悲剧收场。

这和注意障碍有什么关系呢？如果你注意一下注意障碍的症状，就会发现一些相似之处。边缘型人格不完整的内在自我和注意障碍的无法专注以及支离破碎的自我类似。注意障碍患者也会因为专注力不足而渐渐和人绝交。注意障碍患者追求强烈的刺激，以便能专心；边缘型人格患者追求强烈的刺激，以减少痛苦。二者都具有高度的冲动性。注意障碍患者因为长期以来无法把事情做好而感到受挫，因此满腔愤怒；边缘型人格患者则因为长期以来的情绪需求无法被满足而感到受挫，因此也满腔愤怒。两类患者都可能物质滥用，以进行自我治疗。下面列出了二者的相似性：

注意障碍

- 内在自我无法专注。

- 渐渐和人绝交。
- 通过强烈的刺激保持组织性。
- 常有高度的冲动性。
- 因为无法把事情做好而愤怒。
- 常有物质滥用倾向。
- 情绪不稳。
- 低成就倾向。

边缘型人格

- 内在自我不完整。
- 忽然和人绝交。
- 通过强烈的刺激减少痛苦。
- 常有高度的冲动性。
- 因为情绪需求无法被满足而愤怒。
- 常有物质滥用倾向。
- 情绪不稳。
- 低成就倾向。

我们在临床上看到很多例子，也看过很多其他人的病情报告，都是注意障碍患者被误诊为边缘型人格障碍的。但问题是二者的治疗方法大不相同。

例如邦妮的例子。邦妮小时候在家里有攻击性，在学校里很冲动，而且学习效率很低。三年级的时候，她已经是家长和老师眼中的"恐怖分子"，她和妈妈似乎长年处在斗争的关系中。她非常怨恨妈妈一直试图逼她变得和别人一样，所以她常常故意反抗。青春期，她经常吸毒，晚上不回家。她看了很多心理医生都没有用。邦妮很迷人,一直有很多男生追求她。她故意散播谣言,说她是个随便的女孩,目的就是为了刺激自己的妈妈。结果妈妈试着限制她的行动,但是都不成功。虽然她成绩很差,但她大学入学考试的时候却表现得很好,于是她进了一所很不错的大学。在大学里,邦妮爱上了文学。虽然她很难按时完成论文,但还是毕业了。很快,她怀孕了,嫁给了一个她很喜欢却不爱的人。

孩子成为邦妮的生活重心,就像文学是她大学生活的重心一样。然而,当孩子上学之后,邦妮开始有自杀的念头,因为孩子不在的时候邦妮感到很空虚。她无法说服自己,当孩子不在身边的时候,仍然是和她紧密相连的。她的不安全感涌上心头,几乎要吞噬她。她开始借酗酒来逃避这些感觉,直到丈夫把她送进戒酒中心,而戒酒中心的人断定她患有边缘型人格障碍。

两年的心理治疗并没有让她觉得好过一些。她总是很沮丧,而且就像她自己说的,"无法专心于任何目标"。一个偶然的机会,她看到一篇关于注意障碍的文章。和她的心理医生谈过之后,医生建议她做进一步的诊断,于是她找到了我。

看了她的病史,做了一些心理测验,我完全了解她当初为什么会被诊断为边缘型人格障碍,但是从她身上我也可以看到注意障碍的影子。邦妮和她的心理医生都同意尝试服用治疗注意障碍的药物,结果效果惊人。

邦妮的沮丧其实只是"没有目标的不专注"而已。药物帮助她专心之后,她开始制订目标。她又重返校园,目前在读文学博士,她在学校的表现很优秀。她的心理治疗忽然有进展了,不像以前那么漫无目的且经常受挫。她开始可以面对一些童年问题,而不是逃避或忘记。除了这些之外,知道自己有注意障碍使邦妮的自责减少了,而之前她常为自己的边缘型人格自责。

过去她一直在无意地通过寻找生活重心来治疗自己的注意障碍。首先是和妈妈的冲突。虽然这些冲突造成许多心理创伤，但是也成功地把她的思想和感受整合起来。再就是大学里的文学课程，然后是照顾孩子。但是当孩子上学后，日子闲下来了，没有了生活重心，她无法专注，只好靠酒精来治疗自己。

我们不知道有多少注意障碍患者具有边缘型人格的特质。随着对注意障碍的了解增加，我想一定会看到越来越多的病例。突然的愤怒、寻求强烈刺激、冲动、有自杀念头、自我厌弃、低成就感、缺乏组织性，这些都像是边缘型人格的特点，但是也可能是注意障碍的特点。

有攻击性行为的注意障碍

无论是儿童还是成人，某些攻击性或反抗性的行为可能会掩盖注意障碍或与注意障碍并存。这种情况以男性居多。

"品行障碍"（conduct disorder）和"对立违抗性障碍"（oppositional defiant disorder）都是指儿童的某些攻击性行为模式。虽然这些名词可能让人听了不舒服，可能会联想到什么精神病监管机构，把儿童行为分成好的和坏的，但是确实有些儿童无论在哪里都无法与人和平相处，他们总是打架，不遵守规则，反抗任何限制，破坏别人的作品或游戏，甚至触犯法律。虽然现在我们慢慢开始了解其背后有遗传因素作祟，但是环境也是因素之一。这些孩子通常来自问题家庭，父母可能不在身边或父母本身对孩子很不负责，这些孩子也许有吸毒、受虐待、受性侵害、被父母忽略、衣食匮乏、居住环境极差、教育程度低、孤立无援等情况。这种孩子的异常行为往往是一个警告，告诉大人必须介入且提供帮助。

注意障碍患者的多动行为和品行障碍或对立违抗性障碍儿童的某些行为模式相似。我们必须仔细分辨，也许两种情况同时存在，但更常见的是，注意障碍被误诊为品行障碍，或者反过来。注意障碍儿童不会非常愤怒，也没有心机。他们如果不小心跌倒，也许会哭闹一下；如果对立违抗性障碍儿童跌倒，他们会马上怪罪到某个人头上，然后开始计划如何报复。注意障碍儿童的破坏行为比较冲动，是自发的；对立违抗性障碍儿童的破坏行为比较有计划，会针对某个人进行报复。然而，对立违抗性障碍儿童不会有注意障碍儿童的分心现象。这两种情况很难区分，因为家长、老师、学校对这类学生都无能为力，他们根本不想搞清楚原因是什么，就急着纠正并教训孩子。

其中最典型的例子是那种在学校总是惹麻烦的孩子。通常是上小学的男孩，无论他们走到哪里，都让人摇头叹气。生日宴会时打翻桌子的是他们，美术课上打翻颜料罐子的是他们，下课时推倒女学生的是他们，撞到弯下腰去捡粉笔的老师的也是他们。

面对这样的孩子，我们需要找出原因，而不是一味地处罚他们。原因有很多，包括注意障碍、品行障碍或对立违抗性障碍，也有可能同时存在。

成人之中也有类似的行为，通常是男性。他们的行为让人觉得治疗是一种浪费，是没有意义的。他们有的在监狱里，有的在精神病院里，他们中的一些人被诊断为反社会人格（antisocial personality）。就像边缘型人格和冲动型人格一样，许多被视为反社会人格的人，实际上是患有注意障碍。

具有反社会人格的人，有时候被称为变态或病态，被视为社会的罪人。他们诈骗、说谎、偷窃，甚至触犯法律，他们试探着人们的底线。但是他们也可以十分讨人喜欢，很有吸引力。

被诊断为反社会人格的成人在童年时期如果有明确的注意障碍的症状，而不是有对立违抗性障碍的症状，那么他很可能不是反社会人格，而是有注意障碍。他们也许有反社会的行为，但是对治疗注意障碍的药物会有积极的反应。

有强迫症的注意障碍

有趣的是，关于注意障碍和强迫症，最详细的研究都是同一个人做的——美国国家心理卫生研究所的朱迪茜·瑞坡坡特博士（Dr. Judith Rapoport）。她写了《不能停止洗手的男孩》（*The Boy Who Couldn't Stop Washing*）一书。在这本书中，她把心理学的专业知识介绍得通俗易懂。

正如瑞坡坡特博士所说的，强迫症可以和其他疾病同时出现，注意障碍是其中之一。强迫症的症状包括内在强迫驱动，仪式化的思考模式，强迫性、重复性的行为，侵入性、不愉快的想法，以及被迷信控制等，强迫症患者无法靠意志力控制这些症状，无论怎样努力都做不到。就像注意障碍一样，强迫症也是一种生理疾病。

当注意障碍和强迫症同时出现时，注意障碍往往会被忽视，因为强迫症的症状更麻烦。有时候注意障碍的症状较明显，强迫症也可能被忽视。因为两种疾病的治疗方法是不同的，如果同时出现，一定要特别注意。

假性注意障碍

本章结束之前，要提一下假性注意障碍。它其实根本不是注意障碍，只是和注意障碍有关。假性注意障碍是由文化引起的。

美国的社会环境极易造成假性注意障碍。美国人活在一个很难专心的文化环境中。

美国文化的特质和注意障碍的特质有何相似之处呢？比如快速的步调，嘈杂的环境，凡事浅尝辄止，做事喜欢走捷径，看电视时用遥控器频频换台，充满强烈刺激，静不下来，有暴力行为，容易焦虑，富有创意，只注重眼前，不注重过去与未来，缺乏组织性，不信任权威，喜欢游戏机，追求刺激，工作狂热，不择手段，喜欢好莱坞，关注股票市场，以及接受流行元素等。我们需要记住这些，否则会觉得每个人都有注意障碍。注意障碍和美国的文化很契合。

美国人患注意障碍的比例比其他国家高。我们不知道为什么会如此。英国人认为我们的诊断过于宽松。近年来，英国知名儿童心理学家、流行病专家迈克尔·拉特（Michael Rutter）甚至怀疑注意障碍是否真的存在。他怀疑我们只是把很多异常现象放在一起，并称为注意障碍。他后来改变立场，承认注意障碍存在，他也发现英国人患注意障碍的比例比美国少很多。

一个解释是美国人的基因库中有很多注意障碍的基因。美国的很多领袖都是这一类的个性，说不定也有注意障碍。他们不喜欢静坐不动；他们必须极愿意冒险，才肯离乡背井，漂洋过海来垦荒；他们喜欢行动、独立，想要脱离旧的生活方式，愿意牺牲一切去寻找新生活。美国现代社会中高比例的注意障碍可能代表先民中就有高比例的注意障碍患者。

这些特质和美国精神相似。暴力倾向、大而化之、没耐性、无法忍受阶级区分、喜欢强烈刺激，都是这个国家的特质。美国人心目中的美国精神也许只是注意障碍的基因在作祟罢了。

既然我们怀疑这是有遗传性的，那么一切看起来就有道理了。虽然我们无法知道在美国建国早期波士顿和费城有多少注意障碍患者，但是看看历史就知道，他们之中有许多人具有冒险精神，喜欢强烈刺激和危险的活动，反抗习俗和拘束，依照自己的意愿生活，以及行动非常迅速。诊断已经过世的人是一件很不好的事，但是本杰明·富兰克林似乎就是一位注意障碍患者，他有创意，冲动，具有发明能力，能同时做很多件事情，喜欢通过政治、外交、文学、科学和恋爱追求强烈刺激。诸多证据显示，富兰克林有注意障碍，只是适应良好而已。

如果美国人的老祖宗的注意障碍基因比例较高，就难怪现在的美国会比其他国家有更多的患者了。但即便如此，我们对注意障碍的界定是否仍太宽松？人们第一次听说这种疾病时，往往会说："不是每个人都这样吗？""这不就是正常行为的一部分吗？"或"这么常见，你怎么可以称之为异常现象呢？"

似乎，美国社会的文化规范越来越接近注意障碍的诊断标准，尤其是生活节奏很快、竞争很激烈的都市人。当今美国人需要处理的信息量大得惊人，一切都需要他们去关注，大众传播科技的进步太快了。美国人看电视的方式就是一个例子，他们手里拿着遥控器频频换台，等于是同时在看好几个节目，这里听一点儿，那里看一点儿，在刹那间抓住节目的精粹，而下一秒就又觉得无聊了，于是快速切换到下一个台去接受下一波刺激、寻找下一个选择。

因为美国社会是一个鼓励注意障碍特质的社会，几乎每个人都会在注意障碍的症状中，多多少少找到一些自己的影子。大多数人知道刺激太多是什么感觉，都曾被各种信息弄得无法专注，也都觉得责任太多、时间太少，自己永远在忙碌，时常会迟到、发呆、受挫折，慢不下来，该放松时无法放松，想要有刺激，没有手机、电脑或电视游戏机就不行，生活像是处在龙卷风的风暴中。

可是这并不代表大部分人有注意障碍，这是假性注意障碍，真正的注意障碍需要由专家诊断。如何分辨真性的注意障碍和假性的注意障碍，主要视症状的严重程度与持续时间而定。

许多心理疾病的诊断均如此。例如，大部分人都知道多疑是一种怎样的感觉。我们都曾经子虚乌有地觉得有人想害自己。我们都曾经觉得紧张并产生疑心：他们在看我吗？税务局要查我的账吗？老板要整我吗？开会的时候，他们说的那个笑话是不是在影射我？虽然我们有时候会担心别人要害我们，但是这并不代表我们是偏执型人格（paranoid personality）。真正的偏执型人格会一直担忧不已。如何分辨真正的偏执型人格和一般人的不安全感，依靠的就是症状的严重程度和持续的时间。

同样，觉得抑郁并不代表就有抑郁症。很多人在赌博游戏中赢钱的时候会很兴奋，这并不代表他们都有赌博成瘾症。大部分人恐高，害怕被关在狭小的空间里，怕蛇，可是他们绝对还不到恐惧症的地步。只有当症状特别强烈，持续很长一段时间，并且影响了日常生活时，才应该找医生做个诊断。

注意障碍也是一样。患者的症状会比一般人严重许多。最重要的是，这些症状已经影响到患者的正常生活。

我们必须仔细分辨真性的注意障碍和假性的注意障碍，这样治疗才有意义。如果只是因为一个人容易分心或容易觉得无聊，就断定他有注意障碍，那么这个名词也就没有意义了。假性注意障碍和美国文化之间的关联很有意思，真性的注意障碍可不是文化现象而已，它是真实存在的，有时甚至会毁掉一个人，在这种生理状况下，患者需要接受仔细的诊断和治疗。

**分心的
真相**

- 以前注意障碍被分成多动和不多动两种，或是被分成儿童和成人两种。其实，注意障碍有很多不同的类型。
- 现代人越来越像是有注意障碍，尤其是生活节奏很快、竞争很激烈的都市人，他们被各种信息弄得无法专注，觉得责任太多，时间太少，永远在忙碌，慢不下来，就像生活在龙卷风的风暴中。这些只是文化现象，而不是真正的注意障碍。

第 7 章

分不分心，自己说了不算

DRIVEN TO DISTRACTION

判断是不是分心，最重要的是审视一下你的过往人生。通过自己与身边人的回忆以及心理测验，让有经验的医生来做出正确的判断。

谁是正常人？谁是注意障碍患者？其实，这个界限是人为制定的。但是正如埃德蒙·伯克（Edmund Burke）对日与夜的差距所做的描述："虽然日与夜的分界点不那么清楚，但是我们不能否认，它们是不同的。"

注意障碍的诊断有一套合理的既定程序。最重要的是病史，包括自己的回忆、身边其他人的回忆（尤其是诊断儿童时），比如家长、配偶、兄妹、老师、朋友。我们没有针对注意障碍的专门测验，没有验血、心电图、脑部断层扫描和 X 光之类的检验，没有神经病理或心理测验可以给患者打分数。

我必须强调：诊断首先要基于患者的病史和生活故事。确定一个人是否患有注意障碍的第一步就是和专家坐下来好好谈谈，而最重要的"测验"就是记录病史。这是很传统的医学手段，并不是"高科技"。医生借着谈话、问问题、倾听，在充分了解患者的基础上做出判断并下结论。现在人们越来越不信任非高科技的医学判断，但是注意障碍的诊断就是靠最简单的医学程序：记录病史。这是最有效的诊断方法，也是最便宜的方法。医生应该相信自己的判断，而不要做一堆复杂、昂贵且不必要的测验。

寻求帮助

哪些事会促使你寻求帮助？儿童多半是因为成绩不好或破坏性行为被送去就医，成人则希望"把自己整理整理"，长期缺乏组织性，做事拖延，事业上成就感很低，无法维持亲密关系，长期焦虑或抑郁、赌博成瘾、长期分心等，都是主要的就医原因。大部分人不知道自己有注意障碍。他们说不出自己的问题出在哪里，只知道有些不对劲。许多人已经在接受一些其他的治疗，而注意障碍则仍未受诊断。

记录病史

诊断过程的第一步是找一位注意障碍领域的专业医生，坐下来告诉他你的人生故事。之后，如果医生判定：（1）你有注意障碍症状，（2）童年就已经有这些症状，（3）症状比同龄人严重，（4）没有其他原因，那么就算初步确诊。

讲述病史时要记住一点：最好至少有两个人讲述你的病史。注意障碍患者非常不善于自我观察，如果有另外一个人在场，可以帮忙解释，从不同的角度描述，那么病史就会更加可信。儿童的病史应该包括儿童自己和家长的描述，以及老师的书面报告或电话访谈。成人的病史应该包括自己、配偶、朋友或家人的描述。如果可能的话，从前的学校记录也应该包括在内。

讲述病史时，医生需要知道下列 10 项内容。在去看医生之前，你可以先在心里回想一下这些内容，这样效率会更高。

就诊前如何整理病史

1. **家族史**。父母、祖父母以及整个家族中有没有注意障碍患者或多动现象？因为早前还没有这个医学名词，所以可能不会有正式的诊断，只能依靠观察。但是如果家族史上曾经出现过此病症，这是很重要的线索。有没有相关病史，比如抑郁症、躁郁症、酗酒吸毒、反社会行为、阅读障碍以及其他学习障碍等？你是不是被领养的？这一点也很重要，因为被领养者的注意障碍比例较普通人群高得多。

2. **怀孕及生产过程**。母亲怀孕的时候有没有吸毒、抽烟、酗酒？有没有获得足够的营养？分娩时有没有困难，有没有缺氧？出生后一段时间有没有生病？

3. **医学及生理因素**。医生会询问你的病历、手术记录和受伤记录等。他会问你现在有没有服药，有没有喝酒、抽烟，有没有吸食可卡因、大麻或其他毒品。他也会问你的性史。注意障碍患者经常有性方面的问题，通常不是性欲减退就是性欲亢进。

   医生会问你某些和注意障碍有关的生理特质，比如是惯用左手还是双手都用、童年是否多病、上呼吸道是否易受感染、有无过敏、睡眠是否安稳、是否不容易入睡、晚上是否常常醒来、早上是否起得来、动作是否笨拙、手眼是否协调、是否尿床，以及身体是否经常不舒服等。

4. **你的成长史**。你多大的时候开始走路、说话、阅读？注意障碍患者的发育模式往往异于常人。有些方面比别人发育快，有些方面又比别人发育慢。

5. **上学记录**。你对学校的感觉如何？你在学校的情况如何？这是很重要的一点。很多患者第一次觉得自己和别人不一样就是在学校里。你阅读和书写的速度比别人慢吗？你是否有缺乏组织性、不准时和爱冲动的问题？老师的评语是否充满了"如果他可以好好坐着，注意听讲就好了""如果他能全身心地投入就好了""他只喜欢玩，不喜欢念书"之类的话？你是否成就感很低？是否表现时好时坏？

6. **家庭生活状况**。如果是年纪小的孩子，医生会问一天的作息情况，比如早上穿衣服、离开家去学校、和家人吃晚饭、由一件事换到另一件事，以及晚上睡觉和早上起床等习惯性问题。如果是青少年及成人，医生则会问桌子上是否整齐干净，房间是否很脏乱，整体而言是否常缺乏组织性，生活是否很混乱。也许医生会问你什么是能提供强烈刺激的物品，比如电脑、音响、传真机、语音留言机、录像机、健身器材、电视、对讲机、卫星信号接收器以及手机等。花多少时间和家人相处？花多少时间由一件事换到另一件事？花多少时间睡觉？

7. **大学及其他教育经验**。有过任何低成就感或挣扎吗？有任何学习障碍吗？

8. **工作经验**。是否工作业绩不好，容易和老板起冲突，经常换工作，爱拖延？你是否总是特立独行？你是否很有创意？你工作认真吗？你常常在不恰当的时机说话或做事吗？

9. **人际关系**。在与人说话或维持长期人际关系上是否有困难？你喜欢别人吗？常遭人误解吗？你的不专心常常被人认为是不在乎吗？

10. **看专家之前，你应该把自己的（或孩子的）病史与建议诊断标准中列举的症状比较一下。**

《精神障碍诊断与统计手册》第三版中制定了对注意障碍的正式诊断标准。这些标准适用于儿童,并且经过统计学的修订。也就是说,这些标准曾经和其他的标准比较过,并曾在不同的儿童群体中测试过,最终确定哪些症状确实是有代表性的。这些标准也被列在精神疾病的诊断标准中。

儿童注意障碍诊断标准

注意:每一项标准都要比具有同等心智年龄的一般人明显强烈才算符合。以下症状根据现场试验数据,依照常见顺序由上而下排列。

A. 以下症状至少具备 8 项,并持续 6 个月以上。

1. 手脚一直动个不停或在椅子上动来动去(青少年或成人则是主观地觉得自己静不下来)。
2. 被要求坐好时坐不住。
3. 容易因为外界刺激分心。
4. 玩游戏时不能耐心地等待。
5. 未加思索地抢答。
6. 很难遵照别人的指示做事。
7. 玩游戏或做事时很难保持专注。
8. 经常一件事没完成就去做另一件事。
9. 无法安静玩耍。
10. 话多。
11. 经常打断别人的话。
12. 别人对他说话时经常显得心不在焉。
13. 在家或学校经常丢失完成任务或活动所需的东西。

14. 经常做出危险动作而不考虑后果。

B. 症状在 7 岁之前出现。

C. 没有其他发展性异常。

成人的注意障碍目前尚无正式的、经过统计学验证的诊断标准。直到近些年，成人的注意障碍才被接受。根据几百个患者的临床经验，我们拟定了成人注意障碍建议诊断标准（这是本书第 3 章列举症状的简缩版）。除了建议标准外，保罗·温德的犹他标准也可以用来自我评估（见第 3 章）。

成人注意障碍建议诊断标准

注意：每一项标准都要比具有同等心智年龄的一般人明显强烈才算符合。

A. 下列症状长期具备 15 项以上。

1. 低成就感，觉得自己潜力未发挥（无论现实成就如何）。
2. 组织困难。
3. 长期拖延，很难开始做一件事。
4. 同时做好几件事，全都有头无尾。
5. 不看场合时机，想到什么就说什么。
6. 经常追求刺激。
7. 受不了无聊。
8. 经常分心，无法专注。话说到一半或书看到一半就走神了，但是有时候又能超级专注。

9. 往往直觉强，有创造力，很聪明。
10. 很难遵照规则行事。
11. 没耐性，无法忍受挫折。
12. 言行冲动，比如冲动花钱，冲动地制订计划、改变计划，脾气不好。
13. 经常不必要地担心，没事找事地担心，但是又不注意危险。
14. 有不安全感。
15. 情绪不稳，尤其是和人或事情脱离关系时。
16. 身心静不下来。
17. 有成瘾倾向。
18. 长期的负面自我形象困扰。
19. 自我观察不正确。
20. 家族中有其他人患有注意障碍或躁郁症、抑郁症、酗酒吸毒以及其他情绪或冲动型疾患。

B. 童年也有注意障碍症状（不一定要有医生诊断，只要症状符合即可）。

C. 没有其他身心异常情况。

无论你用哪一种标准评估，我都要再次强调，不要自己盲目下判断。也许你怀疑自己、孩子或亲人可能有注意障碍，但是你仍然需要找个医生进行评估确诊，并排除其他原因。

考虑其他可能原因

诊断时，医生必须排除其他因素，或找出并存的其他因素。通常注意障碍会被忽略掉，因为其他问题更引人注意，比如抑郁、焦虑。反之，有时候其他医学问题会被误诊为注意障碍，比如甲状腺功能亢进。

下面列出了一些可能和注意障碍弄混的情况，诊断时需要特别注意。这些情况可能和注意障碍同时出现，也可能引起误诊。你也许不太了解这些情况到底是怎么回事，可以提出来和你的医生进一步讨论。

- 焦虑性障碍。
- 双相障碍或躁狂症。
- 咖啡因中毒。
- 品行障碍（孩子）。
- 抑郁症。
- 难以控制冲动（偷窃、纵火）。
- 慢性疲劳。
- 胎儿酒精综合征病史。
- 甲状腺功能亢进或功能减退。
- 铅中毒。
- 学习无能。
- 药物影响。
- 强迫症。
- 对立违抗性障碍（孩子）。
- 病理性赌博。

- 人格障碍，比如自恋型人格障碍、反社会型人格障碍、边缘型人格障碍、被动—攻击型人格障碍等。
- 创伤后应激障碍。
- 癫痫症。
- 离婚、失业或其他重大生活变故。
- 物质滥用（可卡因、酒精或大麻）。
- 妥瑞综合征（有此症状的患者会不自主地出现各种动作，比如抽搐、眨眼睛、脸部扭曲、摇头晃脑等）。

这些情况大部分需要通过医生进行诊断。有时需要验血，比如甲状腺功能的检查；有时需要做其他医学检验，而有时也许不需要做检查。这些都是由医生决定的。

医生如何一一排除其他所有的可能性，再做出确切的诊断，这其中牵涉太多医学知识。本书没有足够的篇幅来解释，但是我还是要做一些说明。

本书第6章谈到注意障碍可能被其他情况掩盖，比如抑郁症、酗酒与赌博等。这些情况可能掩盖了注意障碍，也可能很难和注意障碍区分开。解决这个问题最好的方法就是了解童年病史。童年是否有注意障碍症状？如果有，那么目前的症状背后就可能隐藏着注意障碍，比如酗酒。

比较难分辨的是那些由注意障碍引起的症状。随着时间的推移，注意障碍患者会发展出某些人格特质，可能看起来像精神病学中的人格障碍，比如被动攻击型人格（passive-aggressive personality）。这种人无法直接表达他们的攻击性，而是通过不行动或不反应来被动地表达。他们不会跟老板表示不同意，但是会在约好的时间不出现；他们不会跟太太表示自己在生她的气，但是会一直看报纸不理她；他们不会争取自己想要的工作，反而会"忘记"准时投递简历。传统上，我们通过心理治疗来帮助被动攻击型人格的人克服他们心中的恐惧，使他们能直接表达不满。健忘、迟到、表达困难，也都是注意障碍患者的特质。被动攻击型人格的人事实上也许是注意障碍患者。

同样，注意障碍也可能是自恋狂的成因。简单来说，自恋狂无法注意到别人，他们似乎只活在自己的世界里，无法真正体会他人的情绪和想法。如果童年曾经缺乏关爱，那么很可能是真正的自恋狂，应该从心理治疗或心理分析入手。如果无法注意别人是由注意障碍引起，心理治疗或心理分析就不会有效。一旦患者接受注意障碍药物治疗，"自恋"的症状就会慢慢消失，患者就会开始和人产生有意义的互动。

越早分辨越好。误诊会浪费许多时间，实在可惜。

做心理测验

一旦你的医生根据病史做出诊断，并且排除了其他原因，他必须决定要不要继续做其他的心理测验。

心理测验可以找出其他学习障碍或病史中看不出来的其他问题，比如隐藏的抑郁症或自我形象问题，或看不出来的思维障碍或精神病。例如，投射测验检查被试对图像的潜意识投射，典型的投射测验是墨迹测验（inkbolt test）。测试者给被试看一系列的抽象墨迹图像，被试"看到"的图形都是他内心的投射，可以由此看到他的潜意识。有的人会看到非常暴力或非常具有破坏性的画面，这些人可能有压抑的愤怒或刻意遗忘的受虐创伤；有的人会看到非常悲伤的画面，这些人可能有隐藏性的抑郁症；有的人会看到一团混乱，这些人可能对信息整合有困难或有严重的心理问题。

心理测验可以提供支持注意障碍诊断的证据。注意障碍患者在韦氏智力量表的某部分内容上通常表现不佳。

另外，有些注意力测验被统称为注意障碍的神经心理测验。心理医生可以视状况选择其中某些测验进行，不一定要做特定测验。这些测验像艺术，而不像科学。有一个注意障碍测验是让患者看一幅抽象画，看 10 秒，然后要求他画出来。另一个测验叫作连续操作测验，患者必须注意看着闪光。如果某个闪光的模式出现，患者就必须按一个按钮；如果这个闪光的模式没有出现，患者就不能按那个按钮。这就像是玩"西蒙说"游戏一样。有时候该按没按，有时候不该按却按了，全看你有没有专心。这个测验可以测试专注力和冲动性：该按就按代表专注，不该按却按了代表冲动。当然，这个测验并非完美，被试当时的动机强弱、情绪如何、测试场所的条件、机器是否容易操作，都会影响结果。

另外一个测验是专注力变化测验。被试要对荧屏上闪过的不同图形做出反应，这和连续操作测验相似。无论是什么测验，都是要测出患者的专注力、分心程度和冲动程度，但是没有任何一个测验可以确切地判断被试有没有注意障碍，只能支持或反对已有的诊断。

关于心理测验有一点非常重要。大家常常太依赖心理测验的结果来做诊断，这是十分错误的，心理测验常常会有假阴性。也就是说，许多注意障碍患者在接受心理测验时会看似没有注意障碍。

这是因为测验本身会使被试暂时专注，使症状暂时消失。一对一的补救教学、让患者有高度的动机以及对新奇的事物感兴趣是三种最有效的注意障碍治疗方法。患者在一对一的状态下多半能够专心，在团体中则会分心，比如在教室、职场或宴会中；患者具有高度的动机时也能够专心；新奇的环境也可以刺激患者，使他们专心。这三种方法结合在一起，是很理想的注意障碍的治疗环境，但却不是非常理想的诊断环境。如果患者在现实生活中的表现看起来很像注意障碍，但是测试结果不是，那么我们要对测试结果表示怀疑。

患者的病史常常太复杂，以致没有人会想到是注意障碍在作祟。安德烈娅来找我，谈起三年来在心理健康系统中遭受的误解和痛苦。6月的一个早晨，她因为头晕进了急诊室，医生给她做了一系列的检查——各种血液检查、X光、代谢功能检查、免疫功能检查，甚至还验了孕。当他们找不到生理原因时，就把安德烈娅转诊到了精神科。

因为一连串的误会，安德烈娅被认为有暴力和自杀倾向。实际上，这件事像喜剧电影里的情节一样，一环接着一环地发生，一个误解接着一个误解。她跟心理医生说她没有疯。那个心理医生是个一板一眼的人，他听了安德烈娅的话，一一写下来。安德烈娅很生气，她问："你为什么要写下我说的话？你为什么不跟我说话？"

心理医生说："你以前常常受到忽视吗？"

心理评估快做完的时候，安德烈娅已经很受挫了，她从医生桌上拿起烟灰缸，威胁说如果不放她出去，她就把烟灰缸丢出窗外。

心理医生很冷静地说："请不要这么做。"

安德烈娅问："你怎么能这么冷静？你难道看不出来我有多么激动吗？"

心理医生说："我看得出来你很激动。"

安德烈娅继续说："可是你坐在这里像是一块木头，没有情绪，没有反应。如果我说我想自杀，你会有反应吗？"

第 7 章　分不分心，自己说了不算

心理医生确实有了反应。他认为安德烈娅有暴力和自杀倾向，于是把她关进了精神病院。

等到一切误会都解除的时候，安德烈娅已经对心理健康领域有了很深的成见，但是她确实需要帮助。她没有再觉得头晕，但是她的丈夫觉得她有许多问题需要解决，他担心安德烈娅紧张、健忘、不可靠。他觉得安德烈娅情绪不稳，脾气太坏，对待孩子的态度前后不一致，酒也喝得太多了。

安德烈娅和丈夫接受了伴侣治疗，他们的关系变得更糟了。安德烈娅的症状没有好转，她的丈夫也越来越受不了她了。

分居 6 个月后，安德烈娅自愿住进了戒酒中心。她为分居一事极端自责，因此酒喝得更凶，完全失控。戒酒中心的一位咨询师看了安德烈娅的病史，怀疑她有注意障碍。以前没有人这么想过。这不是他们的错，因为那时候没有多少人知道注意障碍。可是这位咨询师知道，因为他自己的儿子有注意障碍，他读过这方面的书。

安德烈娅对我说："当他描述注意障碍的症状时，我觉得我有救了。忽然，除了疯狂之外，我的一切表现都有原因了。我尽量读这方面的相关资料，找到什么读什么。结果我的症状全部符合。我找到我在学校的记录，果真，记录中都在谈我如何坐不住，我如何爱做白日梦。"

我问："然后呢？"

"我丈夫开始了解注意障碍是什么。他也觉得完全有道理。即使药物无效，能走出心理治疗的噩梦也很棒了，何况药物的效果那么显著。我终于得到了正确的诊断。"

如果你觉得自己有注意障碍，最好和有经验的人谈谈。儿童心理学家、神

经科医生、心理医生、儿科医生都可能有这方面的经验。不要怕，你可以直接问对方是否有诊治注意障碍的经验，如果有，再问他治疗的患者是儿童还是成人。诊断者最重要的不是学历，而是有没有经验。诊断过程中需要有医生参与，以确保没有忽视其他医疗状况。如果必须做心理测验，要找一位有临床心理学博士学位的专家帮你做。确保这个人接受过神经心理测验的培训，在注意障碍及学习障碍方面有测试经验。

成人的注意障碍是一个相对较新的"发现"，寻找有经验的医生可能很困难。当地的医学院是一个很好的寻找帮助的起点，医学会和心理协会也都是可以一试的地方。

有经验的诊断专家会问你下列问题。这份问卷不能确定你是否有注意障碍，但是可以给你一个评判标准，可以帮你粗略评估自己是否应该找专家诊断（注意，该问卷没有统计上的依据，仅供参考）。回答"是"的问题越多，患有注意障碍的可能性越大。

注意障碍自测问卷

1. 是否习惯用左手或双手都用？
2. 家族成员中是否有吸毒、酗酒、抑郁症、躁郁症的历史？
3. 是否情绪不稳？
4. 在学校是不是差等生？现在是否有低成就感？
5. 是否不容易开始做一件事？
6. 是否常常敲手指、抖腿、动来动去或踱步？
7. 阅读时，是否常常因为做白日梦而需要重读其中一句或一整页？
8. 是否常发呆？

9. 是否很难放松？

10. 是否特别容易不耐烦？

11. 是否常常同时进行许多事以至于应接不暇？

12. 是否冲动？

13. 是否容易分心？

14. 虽然容易分心，是否有时又能超级专注？

15. 是否常常拖延？

16. 是否常常很兴奋地开始一件事却有始无终？

17. 是否觉得很难有人能真正了解自己？

18. 是否记忆力不佳，由这个房间走到另一个房间去拿东西，然后忘了自己要拿什么？

19. 是否抽烟？

20. 是否喝酒过量？

21. 如果试过可卡因，是否觉得它会使你专注平静，而不是兴奋？

22. 在车上听广播，是否会一直换台？

23. 看电视时，是否一直用遥控器转换频道？

24. 是否觉得体内有个停不下来的马达，让你一直处在高速运转中？

25. 小时候是否常被人认为"爱做白日梦""懒惰""冲动""捣蛋""坏"？

26. 是否因为无法专心对话而使亲密关系被破坏？

27. 即使不想这样，是否仍一直在忙碌？

28. 是否比一般人更讨厌排队？

29. 是否无法先看说明书再动手？

30. 是否脾气很坏？

31. 是否常常需要告诉自己不要乱说话？

32. 是否喜欢赌博？

33. 当别人说话没重点时，是否觉得身体里面有东西要爆炸了？
34. 童年时是否多动？
35. 是否受强烈刺激吸引？
36. 是否总是喜欢尝试困难的事情，对于容易的事情不感兴趣？
37. 直觉是否敏锐？
38. 是否经常陷入一种完全没有计划的境地？
39. 是否宁可去拔牙，也不想照着清单一样一样做？
40. 是否常常下决心要规划生活，结果却总是一团糟？
41. 是否经常觉得有什么事想做而未做，觉得生命应该更丰富，但是自己也不知道缺少什么？
42. 是否觉得自己性欲过强？
43. 有些注意障碍成人会吸食可卡因，常看色情杂志，爱玩填字游戏。即使你没有这些症状，你是否可以理解他们？
44. 是否觉得自己有成瘾人格？
45. 和人互动时，是否过于轻浮？
46. 是否成长在很混乱的家庭中？
47. 是否很难独处？
48. 是否经常通过一些潜在有害的强迫行为来对抗抑郁情绪，比如过度工作、乱花钱、酗酒、暴饮暴食等？
49. 是否有阅读障碍？
50. 家族中是否有人患有注意障碍或多动症？
51. 是否很难忍受挫折？
52. 是否难以忍受生活中没有"行动"，静不下来？
53. 读完一本书是否很困难？
54. 是否常常因为挫折而宁可不遵守规定？
55. 是否有不合理的担忧？

56. 是否常常把数字写反？

57. 是否曾经因为个人疏忽而发生过 4 次以上的车祸？

58. 是否不太会理财？

59. 是否做事很投入？

60. 生活中是否缺乏结构和固定模式，一旦找到了会觉得很安慰？

61. 是否曾经离婚一次以上？

62. 是否需要努力维持自尊？

63. 手眼协调能力是否很差？

64. 童年时是否笨手笨脚？

65. 是否常常换工作？

66. 是不是一个特立独行的人？

67. 是否无法写备忘录或遵照备忘录办事？

68. 是否发现自己很难及时更新通信录或电话簿？

69. 是否有时受人欢迎，有时惹人讨厌？

70. 如果忽然有一些空闲时间，是否经常发现自己没有很好地利用，然后因此懊恼不已？

71. 是否比一般人更有创造力和想象力？

72. 是否无法保持专心？

73. 工作期限变短，是否会表现更好？

74. 是否让银行代为管理账户收支？

75. 是否总是很愿意尝试新的事物？

76. 获得成功之后，是否常常觉得沮丧？

77. 是否特别喜欢传说及其他有结构的故事？

78. 是否觉得自己的潜力未能发挥？

79. 是否特别静不下来？

80. 是否常做白日梦？

81. 是否曾经是班上的小丑？

82. 是否有人说你"欲求不满"或"无法满足"？

83. 是否无法正确评估自己对别人的影响？

84. 是否靠直觉解决问题？

85. 迷路时是否宁可凭感觉找路，也不愿意问路？

86. 即使喜欢性生活，是否也会在做爱时分心？

87. 是否被人领养？

88. 是否对很多东西有过敏反应？

89. 童年时是否常得中耳炎？

90. 自己当老板时，是否较有效率？

91. 真实的自己是否比自己表现出来的更聪明？

92. 是否特别没有安全感？

93. 是否很难保守秘密？

94. 是否常常忘了自己正要说什么？

95. 是否热爱旅行？

96. 是否受不了密闭空间？

97. 是否曾经怀疑自己疯了？

98. 是否很快能抓住事情的重点？

99. 是否常常笑？

100. 是否很难保持专注，以至于无法一次做完这份问卷？

分心的真相

- 注意障碍的诊断主要靠患者的病史。第一步就是和专家坐下来好好谈谈，谈谈你的家族史、你妈妈怀你及生你的过程、你的学业情况、家庭生活状况、工作状况和人际关系等。
- 医生在做出诊断前，必须排除可能引起误诊的因素，比如吸毒、抑郁、焦虑、慢性疲劳、甲状腺功能亢进或功能减退、铅中毒、强迫症、癫痫症、离婚、失业或其他重大的生活变故等。

第 8 章

给分心的大脑配眼镜

通过辅导和治疗，注意障碍患者会消除不靠谱、低成就感等负面的自我形象，认识到自己是多么有才华。通过计划和清单，注意障碍患者开始能够控制生活、享受生活。

第 8 章 给分心的大脑配眼镜

无论是成人还是儿童，大部分注意障碍患者都经受过很多磨难，他们有着无数次丢脸和自责的经历。等到确诊时，许多患者已经失去了自信，因为他们不断地被人误会。许多人也咨询过很多所谓的专家，但毫无帮助，他们已经失去了希望。

注意障碍患者早已忘记自己有什么优点。他们根本不相信情况会有好转的一天。他们往往会陷入恶性循环中，用尽全力才不至于让自己彻底崩溃。

但是，他们也有特别强的韧性。他们的想象力比一般人丰富，思想比一般人深刻，梦想比一般人远大。他们看到一个小小的机会，就可以想象出大大的成功；他们可以把一个偶发事件变成一段精彩的经历。

可是就像其他爱做梦的人一样，一旦梦碎了，他们便大受打击。打击太多的话，他们也许就不敢再做梦了。

诊断是希望的起步。和其他疾病不同，注意障碍只需要确诊，并加以治疗，患者就可以有明显的改变。

对其他医学疾病而言，诊断只是指点治疗方向的工具；而对注意障碍而言，诊断本身就是治疗的一部分，诊断带来极强的解脱感。想象一下，假如你有近视，但是你不知道近视这回事，多少年来一直看不清楚，你以为是自己不够努力或道德败坏才会看不清楚，并带来学习问题。忽然有一天，你知道有近视这回事了，看不清楚与你的努力和道德毫无关系，而是一种神经异常状况，想象一下你会感到多大的解脱。注意障碍也是这样的情况，诊断本身就是一种解放，而治疗是由诊断结果自然延伸而来的。

让周围的人了解注意障碍

一旦确诊，下一步就是了解注意障碍是怎么回事。你知道得越多，越能按照自己的需要制订治疗方案，也越能从注意障碍的角度去了解自己的生活。有效的治疗包括重新思考自己的一切。了解注意障碍不但能帮助你认识它对你造成的影响，也便于你向其他人解释清楚自己的情况，比如家人、朋友、同事和老师。

教育周围的人是很重要的。注意障碍会深深地影响人际关系，影响家庭生活、工作、学习以及内心世界。你需要向周围的人解释自己的内心世界。假如你能向老板解释自己的情况，让他接受你，那么你的工作状况必然会改善许多。同样，如果你能向配偶解释清楚自己的情况，婚姻品质必然会不同。如何帮自己说话是注意障碍患者的重要功课，也是成功管理生活的必要条件之一。

了解注意障碍是怎么回事之后，你就会有所改变。你会有一股前所未有的力量，这是因了解而产生的力量。这份了解将成为你的一部分，并不知不觉地引导你走向新生活。

注意障碍的治疗不是被动的，患者不能坐等改变。患者必须努力学习，改变自己。

对成人的治疗很直接，比如通过读书、听演讲或者和专家及其他患者谈话，你会慢慢了解注意障碍；而对儿童进行治疗所使用的方法则不同。家长和老师都有一些疑问：我们应该让孩子知道多少？多大年纪的孩子才应该被告知？应该告诉班上其他学生吗？如果孩子因此觉得自己很笨怎么办？关于药物，孩子应该知道多少？

这些问题很难回答。其实，根本没有标准答案。但是基于过去的经验，我发现最好的回答是实话实说。

跟孩子和学校实话实说的好处是，可以消除注意障碍的污名，让人们不要戴有色眼镜看待注意障碍患者。实情比其他借口来得更简单、更单纯、更精确。任何掩盖真相的借口都瞒不了孩子，反而会给孩子一种不可告人的感觉。实话实说则意味着没有什么可隐瞒的，没有什么可害怕的，也没有什么好丢脸的。

当我跟孩子解释注意障碍时，我要求至少有一位家长在场。我没有固定的脚本，但是我常常会停顿一下，问他有没有问题，如果我只顾着自己讲个不停，那么讲不了两句他就会不专心听了。对注意障碍儿童而言，说个不停等于在浪费时间。

"吉米，你知道的，你和爸爸妈妈来我这里好几次了，谈的都是学校和家里的事。我发现了一些事，对你也许有帮助。我们谈到学校的时候，你说你很难专心听课，喜欢看窗外，很难坐得好好的，很不喜欢排队等候或举手等老师叫你。天哪，我完全懂得你的感受。你知道为什么吗？因为你和我都有注意障碍。"

注意障碍就像近视一样，只是不需要戴眼镜；注意障碍的问题不是出在我们的眼睛，而是我们的脑子。

我们需要给我们的脑子戴眼镜，让我们能够专心，不做那么多白日梦，和其他人说话时不会一直离题，记性不会那么差，早上起床后一切也不会乱糟糟的。

有注意障碍并不表示我们笨。很多聪明人一样有注意障碍，比如爱迪生、莫扎特、爱因斯坦以及电影明星达斯汀·霍夫曼。你知道他们是谁吗？有注意障碍的人需要一些特别的帮助，就像戴上眼镜，我们才能看清东西一样。但我们并不是真的需要戴眼镜，而是需要其他的东西。有时候清单、字条、时间表可以帮助我们，有时候请个家教可以帮上忙，有时候药物也很有帮助。

很多小孩患有注意障碍。如果有人问起，你可以自己决定要不要告诉他。可是要记住，有注意障碍并不是你的错。

我对教师的建议也是实话实说。如果一个孩子在接受注意障碍治疗，就应该让班上的同学知道。反正其他学生会注意到这个孩子不大一样，不如干脆就让他们知道是怎么回事，否则他们会觉得似乎有什么见不得人的事。我会建议老师先取得家长和孩子的同意，然后向全班同学解释注意障碍，并且告诉大家治疗内容是什么。比如，他会坐在老师的座位附近，考试时不需要计时，如果他觉得刺激过多，可以暂时离开教室或是给他特殊的作业要求。既然注意障碍儿童会有一份特别的学习计划，那么其他孩子就一定会注意到，因此不如一开始就让大家知道真正的原因，否则不实的谣言流传起来反而不好。而且，班上可能还有其他学生有同样的问题或有学习障碍，越早让大家明白并接受越好。

如何向孩子解释注意障碍

1. **实话实说**。这是核心的指导原则。首先,自己先学一些关于注意障碍的知识,然后把学到的东西以孩子能懂的方式解释给他听。不要丢给他一本书让他自己读,或只让专家解释给他听。务必要直接、诚实、清楚。

2. **用正确的名词**。不要说一些不着边际的话,也不要使用不正确的词汇。无论你怎么说,孩子都会留下印象,所以要当心,不要说错话。

3. **用近视需要戴眼镜作比喻**。这个比喻既正确又没有负面情绪。

4. **回答问题**。问他有什么问题。请记住,孩子会提出一些你不知道怎么回答的问题。不要害怕承认自己不知道,去找答案,专家的书或许会提供答案。

5. **一定要告诉孩子注意障碍并不表示他笨、他是残障或他很坏**。

6. **告诉他一些患有注意障碍的典型人物,可以是历史人物,也可以是生活中的亲友**。

7. **可能的话,让其他人知道这个孩子患有注意障碍**。和家长及孩子谈过,达成共识之后,告诉班上同学。同样,也可以告诉其他家庭成员,态度上必须是坦然的、无所隐瞒的,这没什么丢脸的。

8. **提醒孩子不要拿注意障碍当借口**。大部分孩子弄清楚注意障碍是怎么回事之后,会有一阵子拿注意障碍当借口。注意障碍是一种解释,不是一个借口,他们仍然要对自己的行为负责。

9. **教育其他人**。教育班上其他家长及同学,教育家庭成员。为了让孩子得到合理的对待,我们最有效的工具就是知识。尽量传播关于注意障碍的知识，因为还有很多人不了解，社会上对注意障碍充满了误解。
10. **教孩子回答别人问的问题**。原则仍是说实话。你可以和孩子做角色扮演，假装有同学笑话他，让他学习应该怎样回应。这样可以有备无患。

建立蓝图

通过诊断与教育得到的新认知，患者会重新组织自己的内在世界和外在生活。从注意障碍的角度切入，试着消除长期以来对自己的消极认知，重新建构自我形象，这是内在的改变。同时重整生活中的种种细节，试着改善其结构，使自己更能控制生活，这是外在的改变。

治疗注意障碍的重点是组织与结构。"结构"可能令人想到蓝图之类的词。结构很重要，也很有帮助。结构使患者的才能得以表现出来，没有结构的话，无论他们多么有才气，生活只会是一团糟。想想莫扎特的结构，他的音乐结构多么强大，结构帮助莫扎特表现他的音乐天分。无论是莎士比亚的诗、长跑运动员的节奏，还是厨师的烹饪流程，所有的创意表现都需要某种结构。许多注意障碍患者还没有找到自己的韵律结构，因此无法发挥自己的创造力。

想象一下温度计里的水银。如果你打碎过温度计，你就知道水银会怎样运动。注意障碍患者的思维就像四处挥发的水银。结构就像是装水银的容器，让注意障碍患者的大脑可以保持重心，不会像地上的水银一样消散。

结构指的是重要的工具，比如清单、便条、笔记本、记事簿、档案、名片夹、布告栏、时间表、收据、收件夹和发件夹、语音留言、计算机、闹钟等。

结构是外在的控制，借以补偿内在缺乏的自控力。

大部分注意障碍患者无法依赖内在的自控力来保持秩序，也无法坚持完成一件事。对他们而言，外在控制十分重要。建立结构不一定是件无聊的事；事实上，建立结构可以很有创意。结构建立起来后，可使人冷静，并给人许多信心。

我们特别建议患者用"规律"来重建生活。这种管理时间的方法有点像是银行的自动取款，无论是金钱还是时间，都可以自动扣除。你不需要每次都计划，事情就会自动发生。比如，你可以把一些必要的约会时间固定下来，使它们成为生活规律的一部分，慢慢地你就会自动去做而不用再去记那些时间，这让你省下力气去做其他的事。这种方法很简单，也能减少许多压力。

你可以列出每周必须做的所有事，然后写在画好格子的记事本上。比如，每周四下午 4 点 30 分去拿干洗的衣服，每周三和周五早上 7 点运动，每周一和周四中午去银行取钱，每周二晚上 6 点听演讲。

很快，这些固定的时间会在潜意识中生根。不但时间固定下来不会忘记，你也不用再担心找不到时间运动。你早已经做好决定了，不是一时冲动。你要决定什么事比较重要、什么事需要事先规划好，以及需要将这些事记在记事本的哪一栏里。你知道你会做这些事，你知道你什么时候会做这些事。所以你不用每天耗费精力想着什么时候去拿干洗的衣服，要不要去银行取钱，什么时候运动，以及是不是来得及听演讲。生活有了规律，你可以轻松很多。规划每天要做的事情会耗费许多精力，而预先规划好则可以节省很多力气。

注意障碍患者可能一辈子都在逃避，不肯建立组织。他们会一直拖延，使问题越来越严重。比如，一个女人快离婚了，因为她无法丢掉任何东西，屋子里到处堆着各种废物；还有一个人每年多缴成千上万的税，因为他总是无法留下收据来证明自己的免税额。建立组织对每个人来说都很讨厌，对注意障碍患者而言尤其困难。

"困难"二字还算是说得轻松的，对注意障碍儿童而言，无法建立组织的负面影响可以毁了他，也可以毁了他的家庭。任何正常人的童年都会有失序的时候，完全规规矩矩的孩子才真的有问题，然而注意障碍儿童的失序情况远比正常人的失序状况严重多了。

例如，我曾经治疗过一个名叫查理的 11 岁男孩，他简直就是《汤姆历险记》中主人公的翻版。他永远处于失控状态，快要把他的家人逼疯了。我们一起审视这个家庭的整体问题。他 15 岁的姐姐莫莉特别受不了的是，每天早上她要用卫生间时，卫生间总是被查理弄得一团糟。他会把内裤丢在地板上，脏毛巾丢在澡缸里，洗手台上沾着牙膏，镜子上有脏手印，马桶座圈没合上，水龙头没关紧，排气扇关了，整个卫生间弥漫着水蒸气。莫莉跟查理说了很多次了，他总是说下次会注意，但是他从未做到。她真想杀了他，至少狠狠揍他一顿泄愤。

商量之后，我们有了解决办法。莫莉列出 10 件事，查理每天早上离开卫生间前必须一项一项检查。单子就贴在门后，查理不可能看不到。每天早上离开卫生间前，查理——检查单子上的各种事项，他还加了一条："我走啦"。一个简单的结构，解决了他们之间长久以来的冲突。莫莉和查理终于和好了。

如何帮助注意障碍儿童
建立生活中的结构和组织

1. 写下问题是什么。和孩子或全家人一起坐下来，写出存在的全部问题，比如饭桌、卧室和卫生间等问题。把问题一项一项写清楚，不要不着边际地假想有许许多多的问题。

2. **针对每个问题提出可行的对策。**
3. **利用实际可见的提醒，比如清单、时间表或闹钟等。**
4. **使用奖品。** 不要把奖品看成是在贿赂孩子，这只是奖励。注意障碍儿童是天生的企业家。
5. **经常给他反馈。** 注意障碍儿童往往注意不到自己在做什么，不要等到房子都要被他给拆了才说话。
6. **可能的情况下，尽量让他自己承担责任。** 比如，如果他年龄足够大了，可以自己起床，那就让他自己起床；如果他起晚了，赶不上校车，就让他自己花钱叫出租车。
7. **尽量多给他夸赞和鼓励。** 注意障碍儿童比一般人更需要夸赞和鼓励。
8. **考虑请一个家教。** 你不要又当父母又当老师，这样两样都做不好。
9. **提供有效的工具。** 问孩子他需要什么，协助他尝试用不同的方法和工具。有一个孩子把闹钟设置成每20分钟响一次，以提醒自己做功课；有一个孩子发现使用电脑中的记事本功能很有帮助；有一个孩子喜欢戴着耳机做功课，因为这样他能专心。什么策略有效就用什么策略。
10. **永远记住：不要和他斗，要好好商量。**

心理治疗与"教练"

患者最好找一个懂得注意障碍的心理治疗师进行治疗。这位心理治疗师除了处理神经系统的问题之外，也必须能处理患者的情绪问题。他还必须牢记几件事：他必须一直留意患者语言背后隐藏的意思、各种肢体信号、私密的动机、压抑的记忆、说不出口的欲望等心理表现。他应该抛开所有来自诊断的先入为主的想法，先了解患者的真实情况，而患者应该觉得被理解。这也许听起来简单，但是其实很难，这是最需要技巧的人际互动。

我们必须强调这一点：治疗时，治疗师必须先视患者为一个人，其次才是注意障碍患者。虽然注意障碍的症状会显而易见，但患者的个人本质不应因此被抹杀。我们每个人都需要被倾听、被理解，并拥有个人历史、独特的习惯和品味，以及属于自己的回忆，而不只是一个注意障碍患者。

你的心理治疗师也许懂得注意障碍，但却不懂得你。事实上，治疗的乐趣不在于治疗师知道什么，而在于他还不知道什么。你的心理治疗师必须愿意从你身上学习。

被理解的感觉比任何药物、安慰或忠告都有疗效。让你觉得被理解的唯一方法是，你的治疗师必须愿意花时间听你诉说，一路支持你，这都需要花时间、花力气，还需要用心。随着时间的推移以及付出的努力，你们可以一步一步达到被理解的境界，对许多人而言，这会是此生第一次有人理解他。

一旦这种关系形成了，或是正在形成当中，外在的支持就会对重建生活大有帮助。有了支持系统，注意障碍患者往往会表现得很好。你也许永远不会自己主动建立一套结构，但是有人陪伴并一起努力，你就会表现得好多了。

我们特别喜欢"教练"的观念。这个人可以是你的心理治疗师，也可以不是。他可以是朋友或同事，只要这个人懂得注意障碍，又愿意每天花十几分钟的时间帮助你就可以。

注意障碍患者的教练要是什么样的人呢？就像球场上的教练一样，站在旁边，脖子上挂个哨子，对球员吼着一连串的鼓励、指示与提醒。有时候教练可能很惹人厌，一直逼球员努力；有时候球员想放弃，教练可能起到安慰和鼓舞的作用。教练的主要工作是提醒球员专注于眼前该做的事，并且一直鼓舞士气。

特别是在治疗一开始的几个月，教练可以帮忙抵挡一些旧习惯，比如拖延、缺乏组织、消极思维。疗程一开始的时候会充满希望，好像注入了一针强心剂。当患者又开始走下坡路时，教练可以把他拉回来。

给教练的提示

疗程开始时，患者每天应该和教练见个面或打个电话，花 10～15 分钟谈谈进展情况。讨论焦点应该集中在实际且具体的事情上，比如：你今天的计划是什么？明天得做些什么？你需要准备些什么？抽象的事情也要谈，比如：你的感觉如何？情绪如何？这些问题可以用以下名为"HOPE"的 4 个原则总结。

H—帮助（Help）：问患者需要什么帮助。了解患者目前的情况，看看他的需要是什么。

O—责任（Obligations）：问他最近必须做什么事，问他正在做什么准备。你必须主动问他，如果你不问，他可能会忘了说。

P—计划（Plans）：问他目前的计划是什么。反复提醒他目标是什么。患者常常忘记目标，然后停止努力。如果他说不知道，试着帮他明确目标。计划可以避免他漫无目的地混日子，可以帮助他达成目标。

E—鼓励（Encouragement）：这是最好玩的部分。教练必须毫无保留地为患者加油打气。"你的任务是对抗混乱和消极情绪，越坚定越好。"不要把患者的冷言冷语放在心上，他花了一辈子在做负面思考，一时间还改不掉。

有些注意障碍患者需要传统的心理治疗来处理自尊、焦虑、抑郁等问题。注意障碍的主要问题需要通过结构、药物和训练来治疗，其次要问题则需要持续的心理治疗。只治疗患者的分心、冲动和静不下来是不够的，令他没自尊或抑郁的家庭问题也必须一并处理。

注意障碍成人做心理治疗时，治疗师会帮助患者把会谈时间放进患者的结构中，治疗师必须很主动。传统心理治疗要患者做自由联想，想到什么就说什么，这对于注意障碍患者而言，是很困难的事。脑子里有那么多事情，他们会不知从何开始。或是一旦开始，就不知如何停下来。患者会和盘托出很多没用的琐事，而不是有趣的潜意识思考。这些琐事会把心理治疗变成一种漫无目的的独白，一点儿用也没有，只会让人深感懊悔。

如果治疗师可以提供一些结构和指导，患者就能走上正轨。如果患者不知从何开始，治疗师可以直接问："你跟老板之间的问题解决得怎么样了？"或是如果患者开始说一些无关紧要的事，治疗师可以把谈话拉回正题。开放的领悟心理治疗与此相反，治疗师会希望患者能偏离正轨，在某种程度上放弃有意识的控制，以揭示表面之下的真相。但对于注意障碍患者而言，这种方法可能会适得其反，让患者和治疗师两个人都迷失在由分心和不完整的思想与意象组成的混乱思绪中。

如果你有注意障碍，你需要治疗师指导你思考和联想，分辨你的思绪中什么重要、什么不重要，帮助你把注意力放在重要的事情上。即使因此错过一些潜意识线索，也比把时间都花在一些无意义的事上来得好。

让我举个例子。有一天，一位患者见到我就说："我以后都不需要我太太的钱了。"他已42岁，觉得自己是在依赖太太的家族遗产过日子，因此影响了他的独立感和自尊心。这是心理治疗的重点之一。事实上，他只是在自己的想象中依赖太太的钱，因为他们各自都有工作，收入相当，他们两个人的收入都足够支付自己的生活费。

我感兴趣地回应他说:"哦?真的?怎么说?"

"因为我有个好机会。公司愿意付钱让我去接受特殊培训,以后我可以接管整个部门。"

"真的?"我希望他继续说下去。

"是的,可是我也想和你谈谈这栋楼里的电梯。为什么他们不能把电梯修一修?爬四层楼梯来你这里,真是累。"

这时我得做一个决定。假如我在对一个没有注意障碍的患者进行心理治疗,那么我可能得保持沉默,或是问他关于电梯的事。我心里会想,不知道他真正想的是什么,他有什么重要的感觉要表达。通过对电梯的抱怨,他真正表达的是对我的感觉,即电梯的故障是否加深了他来见我的痛苦。他也许是在问:"为什么你不能让事情变得容易一些呢?为什么你不能好好管理你的办公大楼、你的电梯,好好照顾你的患者,好好照顾我呢?"他难道不能在这么一点儿小事上信赖我吗?或者我可以问问患者对电梯的联想是什么。有时候,这种问题会使患者忽然想起什么,提供一些有趣的新信息。另外,他刚宣布完事业上的晋升就马上提起电梯的事,或许他对自己的晋升怀有复杂的矛盾情绪。晋升是否让他想到需要修理的事情,比如坏掉的电梯或是他自己?他是否在潜意识中怀疑自己没有能力胜任新职位?怀疑自己是否有资格得到晋升?也许他需要从我这里得到一些额外的鼓舞。如果换一个患者,我很可能从以上任何一个角度思考。

但是,对这个患者,我只说:"我知道电梯坏了很讨厌,他们说这周会修好,我很想听你说说工作上的进展和你的感受。"也许有人会认为,我这样把患者的注意力引导回来是错失良机,可是我更想讨论患者提到的晋升机会。两相权衡，我决定主动选择我们应该讨论的话题。

如果他说"不，我真的想谈谈电梯的事"，我当然会让他谈电梯的事，但是他没有，他马上开始谈晋升的事，好像他本来就是要谈这件事。

我必须判断他提起电梯是有其隐藏含义，还是他只是想到哪儿说到哪儿，并没什么特别的意思。电梯是分心的结果，就像是窗外的火车汽笛声或是隔壁的电话铃声。我就像是一个守门员，帮他过滤掉杂七杂八的思绪。面对注意障碍患者，我经常扮演这样的角色。这样做的风险是：我可能错过重要的信息。

如果你患有注意障碍，你的治疗师必须不断地做这种判断。即使是没有注意障碍的人，治疗师也必须判断听到了什么、要深入讨论什么，以及要忽视什么。但是面对注意障碍患者时，治疗师需要更积极地判断。

此外，注意障碍患者在和别人互动时会有些怪异以及不自然。治疗师得考虑患者的人际认知问题，才能了解他的社交状况。有时候注意障碍患者似乎有些以自我为中心，不会注意别人的需求。

戴夫是个 35 岁的注意障碍患者。他到饮水机前取水，一个朋友正巧这时也走过来倒水，他向戴夫打招呼："嗨，戴夫。"戴夫没反应。"总算有一次能准时把那些预算表交上去，感觉一定很棒吧？你做得很好！"戴夫仍然没反应。"你昨天加班到很晚？"

戴夫正在想着女儿的科学作业：如何做鸡蛋的立体模型。他丢掉手上的杯子，看到他的朋友，喉咙里发出一声含混的"咕噜噜"，便走回办公室。朋友对着他的背影说："跟你说说话真好，戴夫。"戴夫的脚步没有停下。他的朋友会把这件事放在心里，并且觉得戴夫真是无可救药了。

戴夫不是自私、不理会别人，只是他的脑子早已在云游别处了。他的治疗师必须知道这个情形，给他一些社交上的具体建议。我指的具体建议是：当你去饮水机那儿时，记得那是一个公共区域，很多人会去那里，你会碰到别人和你打招呼；或者碰到朋友时，不要只是喉咙里发出一声"咕噜噜"，要说些寒暄的话，或者说话的时候眼睛要看着对方，而且要先听再说。这些具体、清晰，也许太琐碎的建议对注意障碍患者的帮助极大。注意障碍患者不善于交朋友，社交上的不成功只是因为他们不知道如何交朋友。他们不知道规则，不知道步骤。一般人视为理所当然的事情，他们从来没有学过。注意障碍患者可能无法自然而然地学会这些事情，需要别人一项一项地教他们。"解读"社交信号对这些患者来说可能就像解读文字一样困难。对善于处理社交的人而言，一切清晰可见又简单，但是对于注意障碍患者而言，和别人交流就像是读一本书一样，转瞬间就不知所云了。

别忽视心理治疗

谈过了教练的重要性以及心理治疗需要的方向，我要再次强调，给注意障碍患者做心理治疗绝不是一件简单的事。教练的工作也许简单，但心理治疗可不简单。心理治疗师一会儿终止这个话题，一会儿提起那个话题。同时，心理治疗师的工作也是非常微妙、无法预测、富有想象力的。

对大多数的注意障碍患者而言，个人的心理治疗只是起步，许多人还需要其他形式的心理治疗，比如家庭治疗、婚姻咨询以及团体治疗。我们已经讨论过家庭和婚姻治疗的重点，现在让我们看看团体治疗是怎么回事。

不只是注意障碍，任何一种疾病的团体治疗都很有效，适当地给予团体支持是一种安全、花费不多且非常成功的疗法。团体治疗适用于成人和儿童。尤其是儿童，许多问题在个体治疗时无法体现，只有在团体治疗时才会突显出来。在个体治疗时，孩子可能会和治疗师坐在一起快乐地玩游戏，所有平日在家里和学校里发生的问题行为都不见了。在团体治疗时，这些有问题的行为又会出现，不过可以现场处理并给予教导。比如，在人多的时候无法专注的孩子，或是无法和其他孩子分享玩具的孩子，在与治疗师独处时不会有任何问题。但是在团体治疗时，这些问题一定会出现。

对成年患者，团体治疗也有诸多好处。

第一，它让大家有机会认识病友。这些人拥有相似的问题，每天面对相同的挫折。

第二，可以互相学到很多东西。大家谈论自己的经验，分享心得，彼此学习生活中有效的应对方法。团体中的其他成员才是最有效的治疗师，因为他们走过同样的路，内心深处知道注意障碍是怎么回事。

第三，团体成员之间可以真正了解彼此的感觉，治疗师则未必。只有亲身经历过的人才真正了解那种感受。团体治疗可以提供有力的支持，被团体接受是十分令人振奋的。

第四，团体可以提供巨大的能量。它像是一个巨型燃料库，让成员每周来装满燃料，才有力气面对生活。

第五，就像儿童团体一样，成人团体也可以现场重现日常生活中的场景。比如戴夫在饮水机旁的情况。在团体中，我们可以制造情境，让成员必须倾听彼此讲话，必须等自己被轮到，必须分享东西，必须安静不说话，必须坐得好好的，必须对自己所说的话负责。他们可以通过别人的反馈，了解自己在别人眼中是什么样子。成员在治疗团体中学习忍受这些要求和压力，日后便可以应用在现实生活中。

第六，团体提供了一个人际关系的出口。注意障碍患者往往觉得无法找到一个有归属感的团体。虽然注意障碍患者很活泼外向，但是往往觉得自己很孤单、寂寞，没有归属感。他们总是伸出触角，却无法形成联结。这就好像一直在追赶着火车，火车上的人伸出手来想拉他们，他们却一直追不上。团体治疗正可以提供这种归属感，拉他们上火车。这是一个他们可以感到自在的团体。一旦在这里找到了归属感，他们在其他地方也会更自在。

让我描述一下我曾组织的一个团体。我开始组织注意障碍治疗团体时，其实不知道要怎么做，也没有听说谁做过这种事，可是我觉得值得试试。我在一次演讲时宣布了这件事。从登记的人中选了 10 位参加，有男有女，我们每周聚会一次。

我不知道会发生什么。我跟同事提起，他们都很不屑，有一位同事说："10 个注意障碍患者共处一室？你要怎么控制局面呢？"另一位同事说："他们会准时来吗？"

我坐在办公室里等待，不知道会有什么情况发生。我们约好 7 点开始，8 点 15 分结束。到了 7 点 15 分，没有一个人出现。我开始怀疑是不是自己记错时间了。7 点 20 分，第一个人出现了。他正要道歉，却发现自己是第一个到的，于是笑了起来。第一次聚会总共有 7 个人出现，另外 3 个人打电话来说他们迷路了。

我参与的治疗团体中，这个团体是最值得注意的。后来，他们渐渐团结在一起，急切地想了解彼此，分享自己的故事，并相互支持。

我告诉他们几个基本的指导原则：尽量准时；不要在团体治疗时间之外互相交往；如果必须缺席，请事先告知。我们约好要聚会 20 次，如果成员同意，可以再增加 10 次。我给没来的人打了电话，告诉他们下周的注意事项。

第二次，10 个人都准时抵达。当他们提起上周迷路的事情时，大家都笑了。此后，他们彼此常常这样开玩笑："今天我们都到了，真是奇迹啊！而且还没有人迟到。"他们互相还不认识，热情的气氛便已充满了房间，好像他们直觉地感到彼此能够互相了解，并且知道这个团体有多么重要。从一开始，他们就准备好了。

他们开始诉说自己的故事。没有人指挥，一个个幽默的、痛苦的故事充满了整个房间。他们看着彼此，频频点头，似乎完全了解别人说的种种。这些人一辈子觉得自己和别人"不同"，现在才发现原来自己并不孤单。他们经常笑中带泪，他们了解彼此的痛苦和挫折，他们分享彼此遭受的误解、擦肩而过的机会，并且给彼此各种建议和指点。

我不需要做任何事。如果有人插嘴，其他成员会说："别插嘴，既然我们都有注意障碍，我们需要特别专心地听别人说话。"他们一直这样互相关照。我坐在那里，偶尔回答一些关于注意障碍的问题并提供信息，团体中的成员们做了大部分的工作。当我有别的事必须请假时，他们就自己在我的办公室照常聚会。

几周内，这个团体就形成了强大的凝聚力。一位女演员为了来参加聚会，回绝了一次演出机会，因为排练时间和聚会时间冲突。另一位成员去度假时还寄了一张明信片给大家。成员们互相交换了电话号码，如果有人出现情绪危机，可以彼此交流。我本来担心这会形成小团体，或造成隐私上的困扰，但是一直没出问题。

20 周过去了，每个人都想要继续下去，然而有一个成员说他没钱继续参加了。过了几天，我收到一封匿名信，里面是帮他代付的费用，寄钱的人只说他是团体中的一员。

当时在波士顿接受心理分析培训的我感到左右为难，我该怎样处理这个问题呢？我该把钱带到聚会上吗？我要把钱还回去吗？如果那个说自己没钱付费的人只是找个借口不再参加，这样一来，是否反而会给他带来压力呢？如果别人觉得不公平怎么办？大家会不会好奇是谁捐的钱？我自己的好奇心呢？怀着这些疑问，我给一位很有团体领导经验的同事打电话，问他该怎么办。他也不知道该怎么办，但是建议我在聚会时提起这件事，看大家如何反应。

又一次聚会，大家决定再进行 10 次才解散这个治疗团体。这时，我宣布有人匿名寄来一笔钱，让那个没钱付费的人继续参加。

幸好，他们完全没有想那么多。他们的反应是：多好呀，这么大方。然后就继续谈别的事情了。我坐在那里忍着不说话，心想难道你们不想知道是谁吗？你们看不出其中的种种问题吗？我们不该谈谈吗？我没有说出来，但是直到今天，我仍有同样的疑惑。我只能说，这个团体对他们而言，实在是太重要了，以至于有人愿意出钱保持团体的完整，继续聚会。

了解各种药物的疗效

药物可以给患者的生活带来很大的改变。就像眼镜可以帮助近视的人看清楚一样，药物可以帮助注意障碍患者看清楚这个世界。当药物有效时，可以给患者带来惊人的改变。但它们不是灵丹妙药，并不是每个患者都会对药物产生反应，即使有反应，药物也不能解决一切问题。药物必须通过医生处方才能使用。治疗必须包括详细的诊断说明，比如关于注意障碍的教育、重整生活结构的实际建议、情绪管理的方法、心理辅导、"教练"、心理分析，以及家庭或婚姻治疗等。

希望读者面对医生时，能对药物有一些基本的了解。你应该先了解自己的药物，觉得安心以后再服用。

当然，服药之前，首先得确定自己是注意障碍患者，然后确定自己需要用药的目标症状是什么，才能评估药效。注意障碍的典型症状包括：容易分心；无法集中精力做一件事，比如读一本书或做功课；言行冲动；谈话中很难保持注意力；无法忍受挫折；容易发怒；情绪不稳；缺乏组织性；拖延；无法分辨事情的轻重缓急；过于担心而不采取行动；觉得世界一片混乱；见异思迁，由一件事跳到另一件事。你必须找出自己想要改变的具体症状。

治疗开始时，患者通常会抗拒用药；家长非常不愿意让孩子服药，成年患者则想靠自己的力量克服困难。这种抗拒很强烈，必须小心处理。

孩子，尤其是男孩子，常常觉得服药意味着他们有严重缺陷，等于承认自己弱智、疯狂或愚笨，他们非常怕这些标签。他们还觉得药物像是拐杖，服用药物让他们感到羞辱或尴尬。这些感觉需要温和而体贴地讨论清楚。也许几个月，甚至几年，患者才肯尝试服药。没关系，如果患者没有准备好，就不要逼他。要不要服药不应该由医生单方面决定，也不应该是一场争斗。这要由患者和医生双方决定，协调的时间需要多长就多长。

当然，没有人必须尝试用药，不想服药就不要服药。在不完全了解药物的特性之前，任何人都不应该同意服药。但是我们常常看到一些人拒绝服药只是因为道听途说、迷信或成见，而不是根据事实做出的理性判断。关于注意障碍药物的不实传言有很多，比如最常用的药物利他林的谣言就多得不胜枚举。"利他林会让你发疯，我看到一篇报道说有人服用之后变成了杀人狂。""利他林只是学校用来掌控学生的工具。""利他林会让你长不高。"这些不实谣言到处都是。

事实上，利他林是很安全的药物。适量服用对患者会有很大帮助。虽然药物不一定对每个人有效，但是当它有效时，效果确实非常惊人。在充分了解药物后仍然不愿意服药，就不要服药，但是如果不了解药物就拒绝服药，这其实是一个大错误。

治疗注意障碍的药物分成两大类：中枢神经兴奋剂和抗抑郁药。成人和儿童的药物是一样的，这些药物对 80% 的注意障碍患者有效。药物反应因人而异，因此我们可能需要几个月的时间寻找合适的药物与剂量。用药必须有耐心，不要太快放弃，因为剂量增加一点儿或是换一种药物，也许就会有很不一样的效果。

当药物有效时，它可以帮助患者更好地集中注意力，努力的时间更持久，减轻焦虑和挫败感，减少易怒和情绪波动，提高做事的效率，增强自控能力。这些改变会引起其他的连锁变化，比如信心增加了，情绪和自我认知也改善了。

有时候患者因受不了副作用而停药，这时靠非药物型的治疗仍然很有帮助。

我们先看看兴奋剂。最常用的是利他林，还有右苯丙胺。这些药物和神经传导物质产生作用，刺激中枢神经系统，使患者更专注，并且可以稳定情绪。

少量的兴奋剂不会使人神经迟钝，不会使人昏昏沉沉。以我们的处方剂量而言，也不会成瘾，不会降低创造力，不会让个人特色消失。

但是可能有副作用。利他林也许会使人胃口不好或睡眠不足，并可能引起血压升高。然而只要减少剂量，这些副作用就会消失。一开始服药时可能觉得头晕或头痛，通常过几天就好了。体内药量低的时候也许会感到情绪低落，因此可以调整服药的方式和时间。服用利他林也可能使人感到神经过敏或紧张，不过仍然有治疗效果。有时，添加低剂量的 β 受体阻滞剂，如康加尔多（Corgard TM）①，可以消除这种紧张情绪。

此外，利他林不太常见的副作用包括：引发不自主的肌肉抽搐，儿童生长抑制（停药后会很快地长高），血细胞计数改变或其他血液成分的变化（一旦停药，会很快恢复正常）。这些副作用很少见，只要有医生适当监督，利他林是很安全的药物。

有时候无论剂量多高，药物就是没有效果。有时候患者太早放弃，没有尝试足够的剂量。剂量可以一直增加，直到副作用开始出现，但是一旦副作用出现，剂量就要减少一些或是停药。如果停药，可以试试别的兴奋剂，一种兴奋剂无效并不表示其他的兴奋剂也会无效。也可以试试其他药物，比如抗抑郁药或治疗高血压的药——可乐定（Catapres），它们都对注意障碍具有疗效。我们通常使用利他林只是因为利他林比较没有形象问题。早期一开始用兴奋剂治疗注意障碍时，医生都使用迪西卷，但是迪西卷一般被人视为毒品，有严重的形象问题。其实如果剂量用得恰当，迪西卷并不会使人上瘾。但是人们有很深的成见，因此现在的医生都用利他林。这只是历史因素罢了。

患者不要太快认定药物无效。我们常常需要几周，甚至几个月，才能找到合适的剂量和服药方法。有时低剂量也会有效，但是一定要在正确的时间服用。有时把剂量增加一点儿就会产生极不同的疗效。有时合并服用另一种药物会使第一种药物的效果更好，例如同时服用兴奋剂和抗抑郁药。这个尝试的过程很长，就好像一直在试新鞋，却找不到一双合脚的鞋。但是一旦找到，付出的努力绝对值得。

患者本人往往不知道药物到底有没有起效，而他的老师、朋友、配偶或老

---

① 通用名为纳多洛尔。——编者注

板会注意到患者在专注力和个人表现上发生的戏剧性改变。因此,评估药效时,一定要包括这些人的观察意见。如果是儿童,尤其需要老师填写行为观察表。成人的行为观察可以不用那么正式,但是也得有其他人的客观意见。

利他林和其他兴奋剂一样,每4～6个月都应该停药一周,这段时间可以观察是否还需要服药。

接下来我们再看看抗抑郁药,最常用的抗抑郁药是地昔帕明,因为关于使用地昔帕明治疗注意障碍的研究最多。虽然它在化学结构上和兴奋剂完全不同,但是在治疗注意障碍上起到的作用是相似的。在兴奋剂无效时,地昔帕明常常会有效。反之亦然。

地昔帕明的优点比利他林或其他兴奋剂多。首先,每天只要一粒,可以避免一天数次用药的麻烦(想想看实在很矛盾,我们如何让孩子记得服用帮助他记得服药的药物)。其次,它比较和缓,不会引起随着药效起伏的情绪变化。有些人服用利他林会有情绪起伏的现象。最后,地昔帕明不是管制药物,拿处方买药会容易得多;管制药物的处方不能重复使用,分量也有限制。

地昔帕明的常见副作用是口干,轻微的膀胱积尿,站起来时血压暂时降低及感到头晕。有的人会产生心律不齐,曾经有人因心律不齐猝死,但这很少见,而且可以通过做心电图、量血压追踪注意,尤其是使用高剂量时。

地昔帕明的服用方法有两种:低剂量与高剂量。每天服用低剂量的地昔帕明的成功率颇高,在这种剂量下,常见副作用和心律不齐的问题几乎不存在。对某些患者而言,低剂量的地昔帕明效果不输给高剂量的效果,也不输给其他药物的效果。所以我们一定会先试试低剂量的地昔帕明,然后才考虑高剂量。低剂量的地昔帕明和利他林一并服用的效果也很好,值得在服用高剂量的地昔帕明之前先试试。剂量必须慢慢增加,并且要一直追踪血压的变化和注意是否有任何副作用出现。

另外还有几种药物对注意障碍有疗效。除地昔帕明之外，还有一些三环类药物可以用，比如去甲替林（Pamelor）和盐酸丙咪嗪（Tofranil）。不是三环类药物的抗抑郁药安非他酮（Wellbutrin）和盐酸氟西汀（Prozac）都可以用。前面提过的可乐定也有效。盐酸氟西汀对于提高专注力并无帮助，但是对因为注意障碍引起的抑郁症状却极为有效。所以，如果地昔帕明和利他林没有作用，还有很多不同的药物可用。

此外，有很多其他药物可以合并使用，以降低副作用或增强效果。比如，添加一定剂量的康加尔多可以减轻利他林和其他兴奋剂引起的躁动不安。

还有一些值得一提的药物。有些女性觉得自己的注意障碍症状在月经来临之前特别严重。有一位患者说："服药之后，大多数时候我还好。可是如果事情很多，月经又来凑热闹，那我真的是没办法保持稳定。"

至今没有科学研究显示经前期综合征和注意障碍之间有任何关联。但是很多注意障碍患者有严重的经前期综合征，这也许是一种并发症。总之，经前期综合征会使原有的焦虑、抑郁和情绪波动变得更严重。对这种患者的治疗，合并使用布斯帕（BuSpar）[①]、盐酸氟西汀或盐酸舍曲林（Zoloft）会很有帮助。这些药物可以缓解经前期综合征的症状，调整原本很混乱的神经递质。

如果患者也有抑郁症，合并服用抗抑郁药会十分有效。利他林虽然是兴奋剂，药效本是针对专注力的，但是它本身也有一点儿抗抑郁的作用。如果加上地昔帕明、盐酸氟西汀或盐酸舍曲林来治疗抑郁症，效果会更好。一般而言，我们不会在一开始就同时开兴奋剂和抗抑郁药，因为开始服用兴奋剂之后，注意障碍症状会减轻，患者的抑郁症往往也会不药而愈。但是，如果抑郁症持续

---

① 通用名为丁螺环酮。——编者注

存在的话，抗抑郁药就会很有用。

注意障碍患者有时会愤怒、发脾气，甚至有暴力行为。有多种药物可以治疗这些症状。稳定情绪的药物锂盐、丙戊酸和卡马西平（Tegretol）都可以用来控制这些情绪爆发。康加尔多和普萘洛尔（Inderal）也可以减少爆发式的行为。

如果患者有强迫症，可以使用盐酸氯米帕明（Anafranil）来控制。

服药会引起一些情绪困扰，尤其是儿童。许多人会觉得很可怕，觉得自己是在用药物影响大脑，他们会联想到思想控制或严重的精神疾病。用开放的态度讨论这些恐惧和成见是极其重要的。

服药与否应该是一个科学的决定，而不是一种信仰行为。有人会问："你相信药物是治疗注意障碍的一部分吗？"好像药物治疗是一项宗教原则，一个人或是相信，或是不相信。我们要理性地对待药物治疗，对大多数患有注意障碍的人来说，药物治疗已经被证实非常有用。对一些人来说，它是无效的，对少数人则根本有害无益。如果诊断无误，研究资料建议至少应该试一试药物。

开始服药之前，最好弄清楚自己对于服药的感受以及药物的特性。我们已经说过，有太多关于药物的不实流言需要澄清。

最后我必须要强调几点：药物并不是治疗的全部；药物很有用，但是绝不能取代其他的治疗手段；药物治疗应该由医生监督。如果觉得勉强，就不要服药。花时间准备，讨论、提出问题，再开始服药。如此一来，药物治疗成功的概率会大大提高。

管理和治疗

我们将提供简短、实际且有效的建议，帮助患者适应日常生活。这些建议都是从我们多年治疗注意障碍的经验中得出的，我们听了许多问题与抱怨，也学到很多解决方法。

读这些建议时，你可能会发现自己已经在使用其中一些方法了。你会发现有些建议适用于每个人，不一定是注意障碍患者。有些建议对你没有意义，有些则会对你很有帮助。

有一点需要注意。很多人第一次读这些建议时，会非常兴奋地立刻想要执行。5 分钟热度之后，老毛病又犯了，他们发现这些建议虽好，却很难做到。正如一位患者所说："如果我能做得到，我就不需要遵循这些建议了，因为我根本就不会成为注意障碍患者了嘛。"或者像另一位患者说的："有时候我能照着做，有时候不能。好像心电图一样上上下下。"

要记住，这些建议只是治疗的一部分。很少有患者能靠自己执行这些建议，他们需要帮助，比如教练、团体、治疗师或任何其他人都可以。若是一开始做不到，不要气馁。你需要花些时间和精力养成新习惯，你也需要别人的帮助和体谅。记住这些，那么这些建议就会很有帮助。

给注意障碍患者的 50 条生活建议

洞察与教育

1. **确保诊断正确。** 一定要找懂得注意障碍的专业人士，排除其他相关或类似的疾病，比如状态焦虑、激越性抑郁症、甲状腺功能亢进、躁狂抑郁症和强迫症等。

2. **教育自己**。治疗注意障碍的第一要务是了解注意障碍。阅读相关书籍，和专家谈一谈，和其他患者谈一谈。如此一来，你才知道自己需要寻求怎样的治疗。

3. **选择一个教练**。你需要有个教练，这会很有帮助。这个人得和你够亲近，而且不会轻易发脾气。这个教练帮你保持秩序，专注于你正在进行的事，鼓励你，提醒你。朋友、同事、心理治疗师都可以当这个教练。你也可以请你的配偶当你的教练，但是这会有一点儿危险。教练会帮你留意，提醒你该做什么，并在身旁陪着你。治疗注意障碍时，有个教练是很重要的。

4. **寻求鼓励**。注意障碍患者需要大量的鼓励。一部分是因为多年累积的自我怀疑，另一部分是因为注意障碍患者会因夸奖而表现得更好。没有鼓励，他们就会失落。他们为别人工作的时候和为自己工作的时候，表现是完全不同的。这无关对错是非，而是注意障碍的实际状况。这一点得被了解、接受，并且好好利用。

5. **明白注意障碍不是和家长相处不来，不是潜意识害怕成功，不是被动攻击性人格等原因引起的**。注意障碍患者当然可能有些其他问题，但是注意障碍和其他问题之间并没有必然的联系，治疗的方法也完全不同。

6. **教育他人并让他们参与进来**。你自己需要了解注意障碍，你的家人、同事、老师、同学、朋友也需要了解注意障碍。一旦有了正确观念，他们就能了解你，帮助你达到目标。

7. **不要为自己的冒险行为自责**。明白自己就是会被强烈刺激的事物所吸引。试着选择比较无害的刺激，而不要一直自责。

8. **听一听别人的反馈**。注意障碍患者非常缺乏自我观察能力，他们有极强的否认心理。

9. **参加或组织一个支持团体**。很多有用的策略在书上是找不到的，只有注意障碍患者自己知道，而经验之谈非常有帮助。你在一些注意障碍患者组成的团体中可以得到很多帮助。而且，同病相怜的心理支持也很重要。

10. **试着摆脱自己多年累积下来的消极情绪**。在这一点上，治疗师可以帮助你。

11. **不要固守传统工作或传统生活方式**。活出你自己，不要强求自己成为理想中的那个人，比如模范学生或商界强人之类的。做你自己。

12. **记住，你所患的是神经系统疾病，是遗传因素造成的**。这是生理现象，是大脑的功能失调。这不是你不好，不是你意志不够强，也不是你疯了。这不是因为你不够成熟，也不是因为你的人格不健全。意志力、惩罚、牺牲、痛苦都无法将其治愈。虽然如此，很多注意障碍患者无法真正接受自己，无法相信这一切是生理因素造成的而不是个性软弱。

13. **帮助其他注意障碍患者**。你会学到很多东西，还会感觉很好。

管理自己的表现

14. **建立外在结构**。结构是治疗注意障碍的第一要务。结构就像滑水道的两壁一样，可以防止滑水的人冲出去。常常使用清单或记事本，用来记录需要做的重点事情并形成习惯，利用有提醒功能的工具，指定并查看文件。

15. **使用刺激**。在不失控的前提下，尽量让你的环境像你希望的那样充满活力。如果你的组织方法有些刺激性，不那么无聊，你就更有可能照着实施。许多注意障碍患者比较依赖视觉刺激记忆，彩色标记会加强印象，效果较好。任何东西有了彩色标记都会变得更容易被记住，更吸引人，更引人注意。

16. **至于文件处理，记住这个原则：一次处理好。** 当你收到一份文件时，你必须一次处理完毕。你可以立刻做出回应，也可以把它丢掉，或是把它归档，但不要把它放在"待处理"的盒子里。对注意障碍患者而言，"待处理"的盒子也可以叫"永远不做"的盒子。那些待处理的文件只会堆在那里占地方，把房间弄得一团糟，还会给你制造罪恶感、焦虑感乃至厌烦情绪。下决心丢掉或者下决心立刻处理，无论你做出怎样的决定，试着一次处理完毕。

17. **建立充满鼓励的环境氛围，而不是充满打击。** 只要想一想以前在学校的情形，你就会明白什么样的环境是充满打击的。现在你是个自由的成人了，试着创造一种环境，不用一天到晚提醒自己哪里不足。

18. **接受事实。** 有些计划就是会行不通，有些关系就是会失败，有些责任就是会无法完成。你最好在心理上做好这样的准备，才不至于在遇到"失败"时太难过。把这些"失败"当作生活及工作上的投资。

19. **迎接挑战。** 注意障碍患者喜欢充满挑战的生活。只要你知道不是每件事都会成功，只要你不要太挑剔和对自己要求太高，你就能完成很多事，还可以不惹上麻烦。忙一点儿总比不够忙来得好。正如俗话说的：如果你想干好一件事，去问忙碌的人准没错。

20. **设定期限。**

21. **把大计划分成许多小计划，并给每一个小计划设定期限，然后大计划就能奇迹般地完成。** 这是最有效的组织方法。对注意障碍患者而言，大计划听起来会很吓人，光是想想就足以让人退避三舍。把大计划分成许多小计划，这些小计划不会那么吓人，而会比较可行。

22. **确定事情的优先顺序，不要拖延**。如果你无法一次处理好，就排出事情的优先顺序。事情一多，注意障碍患者就会不知所措。有时，这会让他们无法完成任何一件事。排出事情的优先顺序，并做个深呼吸。最重要的事排在第一位，然后一项一项做下去，不要停。拖延是注意障碍成年患者的特点。你必须约束自己，不要拖延。

23. **当一切进展顺利时，接受自己的恐惧心理**。当事情太容易，没有冲突时，是会令人不安的。接受这种感觉，不要为了更加刺激而把事情搞砸。

24. **注意一下你在什么情况下工作效率最高**。你是在吵闹的房间里，在火车上，裹着好几层毯子，还是在听着音乐等的环境里更能专心？注意障碍成人或孩子都可能在特别的环境中工作最有效率。选择适合你的工作环境，无论那个环境有多么特别。

25. **可以同时做两件事情**。例如，一边织毛衣，一边讲话；一边洗澡，一边想事情；一边跑步，一边规划工作会议。注意障碍患者往往需要同时做好几件事，才能完成事情。

26. **做自己擅长的事，即使是简单的事也行**。没有人规定你一定要做什么。

27. **在两件事情中间留一些时间，好让自己的想法沉淀一下**。对注意障碍患者而言，由一件事换到另一件事是很困难的。稍稍休息一下，喘一口气，会很有帮助。

28. **在车上、床边、口袋里都放一个记事本**。你不知道什么时候会忽然想到好点子或想到需要记下来的事情。

29. **读书时拿着一支笔。** 除了画重点之外，还可以随时记下各种想法、问题等。

情绪管理

30. **安排"情绪发泄"时间。** 每周都安排一些发泄情绪的时间，只要安全无虞，你喜欢做什么就做什么，比如听震耳的音乐、看赛马或大吃一顿。

31. **充电。** 每天留一点儿时间什么都不做，你可以把这段时间看成是重新充电，这样就不会自责了。小睡一下、看电视、发呆、冥想，任何安静的休息都好。

32. **选择"好"的事物上瘾，比如运动。** 许多患者具有成瘾人格或强迫型人格，总是会对事物沉迷而无法自拔。试着把这种个性发挥在有益的事情上。

33. **了解自己的情绪变化，且试着管理自己的情绪。** 无论外界有没有刺激，你的情绪都会转变。不要浪费时间去责怪别人，而是学着接受这些低潮，知道它们会过去，并且学一些方法使低潮快点过去，比如转换情境、换一件事做（最好是有互动的事情，比如和朋友聊天、打一场球、读一本书），都可以有帮助。

34. **记住下列循环模式：**

    （1）某件事"震惊"到你的心理，一个改变、一件失望的事，甚至是一件成功的事，都有可能。这个导火线可以是很小的一件事，比如日常生活中的琐事。

    （2）"震惊"之后，你觉得忽然失去准绳，觉得迷失和茫然，你的世界为之一变。

（3）这件事开始占据你的心房，并且可以持续几小时、几天，甚至几个月。

为了打破这种负面的沉溺心理，你可以打电话和朋友聊天，看几场好看的电影，进行一次运动，或对自己说几句鼓励的话，比如，"你有过这种经验，这是常有的情绪。它会过去的。你很好，不会有问题的"。

35. **学着说出你的感受**。注意障碍患者，尤其是男性，常常无法用语言表达自己的感受，他们因此感到非常受挫和愤怒。通过练习和指导，可以学习这项技能。

36. **在获得成功之后，会很沮丧**。注意障碍患者经常抱怨说，每次取得成功之后会觉得沮丧。这是因为挑战或奋斗带来的强烈刺激消失了。任务完成，无论输赢，注意障碍患者都会想念之前的冲突和刺激感，因而觉得沮丧。

37. **用一个符号、一句话、一个手势来概括你常犯的错误或情绪波动**。比如你开车转错弯，带大家多兜了20分钟，你可以说："又是我的注意障碍在作祟。"而不要花时间吵架，争论你是否潜意识里根本不想去，才会走错路，破坏了整段旅程。这不是找借口逃避，你还是得负起责任来。

38. **给自己一些时间冷静下来**。当你受到过度刺激或情绪即将失控时，让自己离开一会儿，休息一下，冷静下来。

39. **学习为自己辩护**。注意障碍患者常常被别人责备，于是防御心理会很重。试着摆脱防御心理。

40. **无论是项目、冲突、交易，还是对话，都要避免太早放弃**。即使你非常想，也不要太早放弃。

41. **试着记住成功的经验，常常回味它**。你必须努力练习这一点，因为你会很自然地忘记成功的经验，一天到晚想的都是自己的失败和缺点，结果人就变得很悲观。

42. **要记住，注意障碍患者往往不是注意力不集中，就是注意力过度集中**。过度集中可以有建设性，也可以有破坏性。它的破坏性的影响就是，有时候反复思考一些想象中的问题而无法自拔。

43. **经常做大量的运动**。你必须安排固定时间运动，不要偷懒。运动可以让你发泄多余的精力，可以减少你的攻击性，减少大脑中的杂音，刺激激素分泌和神经传导，使身体平静下来，具有很好的治疗效果。运动的好处这么多，你一定要坚持。找一些有趣的运动，你才会持之以恒。"性"也是一种运动。

人际关系

44. **选择优秀的配偶**。当然，这对每个人而言都是重要的。但是，对于注意障碍患者而言，一生的成败绝对与配偶的好坏有关。

45. **学着拿自己的症状开玩笑**，比如健忘、易迷路、乱说话、冲动等。如果你能用幽默的态度看待自己的缺点，别人也比较能原谅你。

46. **安排时间和朋友聚会**。不要缺席，你需要和别人保持联系。

47. **找一些喜欢你、欣赏你、了解你的团体**。注意障碍患者比一般人更需要团体的支持。

48. **如果别人不欣赏你，不理解你，那就不要待在那里**。正如有的团体可以提供鼓励与支持一样，也有的团体会使你觉得不舒服。注意障碍患者碰到这种情形，往往会与他们长久相处，试图改变状况，即使不可能改变。

49. **夸奖别人，注意别人**。如果你的人际关系不好，考虑去参加一些这方面的课程。

50. **排社交时间表**。没有一份时间表的话，你的社交生活可能非常贫乏。你需要组织自己的工作，也需要组织自己的社交生活。这有助于你和朋友保持联系，得到人际支持。

以上50条建议是针对成人的，但许多也适用于儿童和青少年，但这些建议没有涉及课堂管理。如果希望注意障碍儿童表现出色，他们的老师必须了解注意障碍是怎么回事，并且知道如何在课堂上管理这些孩子。课堂体验可以成就也可以破坏学生的自尊和学习成果。

如何管理课堂

老师知道许多专家也不一定清楚的事。比如，注意障碍的症状不是只有一种，而是有很多种；注意障碍很少单独出现，通常伴随其他问题出现，比如学习障碍或情绪问题；注意障碍的症状多变，很难预测；注意障碍的治疗虽然有效却很辛苦，需要毅力和努力。治疗成功与否和学校及老师的态度有直接且密切的关系。

以下50条建议适用于所有年龄段儿童的老师。有些建议适合较小的孩子，有些建议适合较大的孩子，但结构、教育和鼓励的主题适用于所有人。

50条管理注意障碍学生的教育建议

1. **首先，确定他有注意障碍**。老师当然不能做诊断，但是如果觉得有可能，就应该提出来。得先检查孩子的视力和听力，排除其他可能的医学问题，再让孩子接受注意障碍的检测。不断提出疑问，直到你确信为止。追根究底找出原因是父母的责任，而不是老师，但老师可以提供支持。

2. **建立支持系统**。班上若是有两三个注意障碍儿童，老师可能会非常累，可以向学校及家长寻求帮助。此外，找个值得信赖的专家，以便有问题时可以向他咨询，这个人可以是学习专家、儿童精神科医生、社会工作者、学校辅导老师或儿科医生。这个专家的头衔不那么重要，重要的是他对注意障碍有足够的了解，他和注意障碍儿童相处过，他了解课堂管理工作，并且可以直言不讳。和家长保持联络，确定你们在朝着同样的目标努力。也可以向同事寻求支援。

3. **了解自己的极限，不要害怕寻求帮助**。作为一个老师，没有人能要求你成为注意障碍方面的专家。有需要时，不妨找人帮忙。

4. **问孩子自己该用什么方法帮助他**。注意障碍儿童的直觉很强，只要你主动询问，他们会告诉你，在什么状况下他的学习效果最好。他们往往不好意思主动告诉你，因为他们的方法也许很奇怪。和孩子坐下来谈谈，问如何帮助他能达到最好的学习效果。学习方法的最佳"专家"就是孩子自己，他们的意见往往被大人忽视了，这实在可惜。对于年龄大一些的孩子，确保他们理解注意障碍是怎么回事，这对你们双方都有帮助。

5. **注意学习过程中的情绪问题**。这些孩子需要特别的帮助，这样他们才能在课堂上感受到乐趣、成就感和兴奋感，而不是被失败、挫折、无聊或恐惧包围。关注学生的学习情绪很重要。

6. **请记住，这些孩子特别需要结构**。他们需要通过环境来从外部构建自己无法在内部构建的东西。列清单，当他们觉得迷失时，清单会很有帮助。他们需要提醒，需要预习，需要重复，需要指导，需要界限，需要结构。

7. **把规则写下来，张贴起来**。让孩子清楚地知道规则是什么，他们才会比较心安。

8. **重复指示**。有任何指示，就写下来，说出来，重复说。他们需要听好几遍。

9. **经常进行眼神交流**。你可以通过眼神交流拉回注意障碍儿童的注意力。如果常常这样做，做白日梦的孩子会因为你的注视而回过神来。允许他们提出问题或是给他们无言的支持。

10. **他们的座位需要离你很近**。这样他们比较不会分心。

11. **设定行为的边界**。这不是惩罚，而是帮助。要有一致性、事先告知、合理、清楚，不要弄得很复杂，不要像律师似的讨论公平性。这些长篇大论只会使他们更弄不清状况，你得做主。

12. **尽量固定时间**。在黑板上或他们的桌上贴一张课表，帮助他们养成习惯。好老师通常喜欢调整课表，以便进行特别活动。如果有所变动，必须给他们很多事前警告和准备。这些孩子很难适应突然的改变，他们会变得很焦虑。要特别注意事前的准备，宣布将要做什么，然后一再重复提醒。

13. **帮孩子制订放学后的时间表，这样可以避免拖延**。

14. **减少或取消限时的考试**。限时考试完全没有教育意义，而且显示不出注意障碍儿童的实力。

15. **允许有情绪出口**，比如让他们暂时离开课堂。如此一来，可以避免孩子"抓狂"，也可以教他们学习观察自己的情绪并学会自我调节。

16. **注重家庭作业的质量而不是数量**。注意障碍儿童需要减轻负荷，只要他们学到理念就够了，不要要求过多。他们还是要花很多时间学习，但是不要让他们埋在作业堆中。

17. **经常检查他们的进度。**注意障碍儿童需要有人一直盯着他们的进度，这有助于他们走上正轨。让他们清楚知道该做什么，做了多少，这对他们会是一种鼓励。

18. **把大任务分解成许多小任务。**这是针对注意障碍儿童最重要的教学技巧之一。大任务令他们无所适从，他们会想："我永远不可能做得到！"把大任务分解成许多小任务之后，会显得容易些，孩子就不会不知所措。一般而言，这些孩子都能做到更多，但是他们不这么觉得，他们总是觉得做不到。把任务分解之后，老师可以让孩子自己证明，他们确实做得到。这对于年纪小的孩子尤其重要，可以避免挫折带来的伤害。对于年纪大一些的孩子，则可以鼓励他们不要放弃努力。

19. **做一个爱玩、有趣、不拘一格、开朗的老师。**注意障碍患者酷爱玩耍，他们会积极参与。这有助于他们集中注意力，你也能比较投入。他们的治疗包括结构、时间表、规定等无聊的东西，你需要让他们明白，这并不表示一切都必须那么无聊。你不需要是个无聊的老师，他们也不需要待在无聊的教室里。偶尔开个玩笑也无妨。

20. **注意不要过度刺激他们。**注意障碍儿童容易像油锅起火一样兴奋过度，这个时候你需要立刻灭火。

21. **寻找他们的成功经验并且指出给他们看。**这些孩子有太多失败的经验，他们需要成功的经验，越多越好。我一再强调：这些孩子需要表扬，他们永远不会嫌夸奖多。他们喜欢被称赞，鼓励越多，他们越有上进心；没有鼓励，则会失落。注意障碍本身的杀伤力并不大，随之而来的对自尊的二次伤害杀伤力才大。所以，尽量鼓励、夸奖他们吧！

22. **这些孩子记性不佳**。你可以教他们使用笔记、卡片。他们的"主动工作记忆"（active working memory）有问题。"主动工作记忆"是由儿童发展专家梅尔·莱文（Mel Levine）医生提出的，指的是大脑中可供使用的信息。任何帮助记忆的方法都试试看，比如把要记住的东西编成歌谣或押韵诗。

23. **画重点**。教他们画重点，注意障碍儿童很不会抓重点，一旦学会了，会很有帮助，他们的学习会变得有规划性。这些帮助会使孩子觉得可以掌控自己的学习，而不会觉得失控或无助。

24. **宣布你马上要说什么**。说出来以后再说一次。许多注意障碍儿童靠视觉学习的效果较好，你可以一边说，一边写出来，这会很有帮助。这种结构会令他们印象深刻。

25. **简化指令，简化选择，简化时间表**。措辞越简单越容易懂，可以使用活泼生动的语言。就像用彩色笔画重点一样，活泼生动的语言也会抓住他们的注意力。

26. **给他们反馈，使他们能有效地进行自我观察**。注意障碍儿童的自我观察能力很差。他们往往完全不知道自己在别人眼中是什么样子，也不知道自己的行为是不合适的。试着给他们有建设性的反馈。"你知道自己刚刚做了什么吗？""你还有其他的表达方式吗？""你那样说了之后，为什么她看起来很难过？"提出问题让他们自己想一想。

27. **清楚地说明你对他们的要求是什么**。

28. **对年纪小的孩子，可以采用积分制奖励制度**。注意障碍儿童很适合用奖励的方法。

29. **如果孩子不太会解读社交信号，比如肢体语言、音调、时机等，试着提供特定的、清楚明白的指导，帮他们做社交训练。**很多注意障碍儿童被认为是自私的，事实上他们只是不知道如何与人互动。对这些孩子而言，互动技巧不是天生就有的，需要学习和训练。

30. **教他们考试技巧。**

31. **用游戏的方式教任何项目。**孩子的动机很重要。

32. **把相处不来的学生分开。**你可能得做各种尝试，才能找到最适合在一起学习的组合。

33. **注意学习项目和孩子之间的衔接。**这些孩子需要觉得所学的东西和自己有关，才会积极投入。只要他们积极投入，就不容易分心。

34. **尽量让他们承担应有的责任。**让他们自己想办法记住要带些什么，让他们向你求助，而不要一直主动告诉他们该怎么做。

35. **使用家庭联络簿。**家长可以借助联络簿，每天和老师保持联系，避免问题累积过多，也可以提供孩子连续不断的反馈。

36. **每天坚持写进展报告。**这可以交给家长看，如果孩子的年纪比较大，也可以直接交给他们自己看。这不是为了惩罚他们，而是为了知会和鼓励他们。

37. **有形的提醒，比如计时器、闹钟，都可以帮助他们。**如果孩子记不住何时服药，可以给他们一个闹钟，而不是要求老师提醒他们。学习时，给他们一个计时器，可以帮他们控制时间。

38. **预告自由时间。**这些孩子需要预先知道会有什么事情发生，才能有心理准备。如果没有预警而忽然给他们自由的时间，对他们来说可能是过度刺激。

39. 给予孩子夸奖、抚摸、肯定、鼓励和爱护。

40. 教年纪大一点儿的孩子把自己听不懂的问题记下来。他们也可以把自己的想法记下来，这可以帮助他们更专心地听课。

41. 写字对他们而言可能很困难。试着用别的方式，比如建议他们学打字，考虑让他们以口试代替笔试。

42. 假装是交响乐团的指挥。课程开始前，先引起学生的注意，比如沉默或轻敲指挥棒。

43. 可能的话，安排各科的"读书伙伴"，互相交换联系方式。

44. 为了避免别人排斥他们，向全班解释清楚，并避免给他们特殊对待。

45. 常常和家长见面，不要等到有问题才约谈家长。

46. 鼓励在家大声朗读。同时尽可能在课堂上大声朗读。通过讲故事的方式，帮孩子培养专注于一个主题的技能。

47. 重复，重复，重复。

48. 鼓励运动。无论是成人还是小孩，运动，特别是适当剧烈的运动都是最好的治疗方法。运动可以发泄多余的体力，提高专注力，刺激某些激素和神经化学物质的分泌，对改善注意障碍有益。建议进行一些有趣的运动，比如团体活动中的排球或足球，个人运动中的游泳、跳绳或慢跑。

49. 对年龄较大的孩子强调预习的重要性。如果他们知道课堂上要教些什么，就比较容易在课堂上掌握这些内容。

50. 时刻留意精彩时刻。这些孩子都很有才华，他们充满创造力、爱玩、有活力，并且幽默感十足。他们的韧性强，总是能从打击中恢复过来。他们充满活力，喜欢帮忙。他们往往具有某种"特别的能力"，为周遭环境增色不少。请记住，他们的混乱自有精彩之处，只是有待我们去发现而已。

治疗注意障碍常遇到的问题

注意障碍的治疗因人而异，视严重和复杂程度可以只进行几次治疗，或进行长达数年的治疗。有时治疗只包括诊断和提供一些教育；有时则包括个人及家庭的心理治疗、不同的药物治疗，以及长久的坚持和耐性。有时治疗进展快速，疗效惊人；有时进展缓慢到察觉不出来。注意障碍的治疗没有一定会成功的秘方。每个患者都有独特的问题，需要独特的解决方法。但是有一些原则可以遵循，本章已一一列举。

此外，注意障碍的治疗常会碰到一些困难，我们在这里列出最常见的 10 种困难。

注意障碍的 10 种常见治疗困难

1. **患者生命中有人（比如老师、父母、配偶、领导或朋友）无法接受注意障碍的诊断。** 他们 "不相信" 注意障碍，也不想谈这件事，这几乎违背了他们的信仰。他们使患者觉得自己是个骗子。这种不信任的态度会破坏治疗。我们常听到有人说："没这回事，注意障碍只是懒惰的借口而已。把精力放在努力工作上，少浪费时间追逐这些无中生有的诊断。"

   处理这种问题可能很棘手。最好不要由患者自己应对，否则将是一场斗争。最好是由负责诊断的专家出面，向患者的家庭成员、老师、领导或朋友解释。

   重点是教育。告诉他们事实，用事实去面对各种迷信、谣言、成见和误解，避免争辩。这些反对的人往往利用反对立场遮掩自己的情绪。他们可能对患者很生气，他们可能因为以往的事情还怀恨在心，不愿意看到患者轻轻松松地得到一个诊断就没有责任了。他们想惩罚患者，所以他们很不愿意接受这个诊断，并一再地想要推翻它。这时候，我们最好能展示足够的科学资料。在这之前，他们需要说出他们的愤怒感觉。愤怒是因为过去患者做了很多惹人生气的事。感到愤怒是自然的，是可以理解的，但是愤怒不应该成为诊断的阻碍。

2. **5分钟热度之后，进展缓慢**。通常，诊断出注意障碍之后，患者会很兴奋，尤其是成年患者。这么多年来的委屈和痛苦终于有个名字了。治疗一开始，会有一阵子情绪上的成长。但是几个月后，这个成长慢下来，患者也许会感到失望灰心。这很正常，且可以理解。治疗一开始确实很令人兴奋，但是治疗并不会解决一切问题，了解到这一点，难免会感到失望。这时支持很重要，无论是来自心理治疗师、支持团体、朋友、家人，还是图书等。患者需要帮助才能继续坚持，不至于陷入消极思维和自我否定的旧习惯。

3. **患者拒绝尝试药物**。他们说不出一个明确的理由，但他们就是对使用药物感到强烈的不安。这在成年患者、儿童患者及家长身上都很常见。除非必要，没有人会愿意服药。任何药物都不能乱服用，尤其是影响脑部的药物。我们也不应该逼任何人服药。

    如果患者坚持不肯服药，就不要服药。但是在做这个决定前，最好搜集各种资料，理性面对这件事，而不要用成见做判断。有时候患者会花几个月甚至几年才决定服药。每个人的时间表不同，最好是充分了解药物的益处和风险之后再服药。

4. **所有药物似乎都没有作用**。重点是不断尝试。成年患者的治疗仍算是一门新学科，因为新的药物一直被不断地研发出来，旧的药物也以不同的方式被使用，我们仍在摸索如何用药。我们无法确定谁会对什么药物产生反应。如果一种药物无效，另一种也许会有效；第二种无效，第三种也许有效。剂量及服药时间也会造成很大的影响，可能得花几个月寻找合适的药物、剂量及服药时间。

有的人对药物非常敏感，只要认识到这一点就不是问题。治疗注意障碍的药物也可以减量。10毫克的地昔帕明算是小剂量了，但还是有人受不了，会兴奋过度。他们可能两天才需要吃10毫克，或是像我的一个患者一样，把一份药分成4份，每天吃2.5毫克。要记住患者的这种给药敏感性。有的人会因为自己受不了正常剂量而放弃服药，其实也许他适合低剂量。

寻找合适的药物和剂量时，患者和医生可能都会觉得很受挫，可是必须继续尝试。

5. **开具处方时，一些药剂师令患者觉得自己好像在获取非法药物。**药剂师从柜台后面抬起头来，狐疑的眼光好像在说："你要利他林？你要它做什么？你要拿它当毒品卖吗？"这是因为在某些人心中，利他林和毒品是相似的东西。其实利他林是安全有效且不会产生依赖性的。除非大家普遍接受利他林是治疗注意障碍的合法药物，否则这种情形会一直出现。

6. **找不到其他人能理解注意障碍是什么感觉。**最困难的是觉得孤单，和别人不同，被人误解。最好的解决办法是参加支持团体，这些团体将有相同问题的人聚在一起。他们互相提供信息，建立信心和友谊，逐渐减轻孤独和被孤立的感觉。美国各城市中都有注意障碍的支持团体，你可以咨询儿科医生、心理医生、神经科医生或是医院。

7. **很难决定告诉谁这个消息以及如何告知。**我们应该可以和任何人谈论自己的注意障碍，而不会被误解。但是事实并非如此，不了解注意障碍的人，也就是大部分人，听到注意障碍时，难免有些误解。他们可能认为这只是懒惰的借口，认为患者有精神病，认为患者智力有问题。告诉别人时，心理要有准备，不要因此受到打击。把资料准备好，以便应用。不要有防御心理，试着理解对方。他们没听说过注意障碍，乍听起来确实很可疑。他们也许会说："你的意思是，你一天到晚迟到、忘东忘西、冲动、缺乏组织性是有神经学的理论依据的？别逗了。"要有耐心，假以时日，他们会听得进去的。你会发现他们开始想到某人似乎也有相似的情形，也许他们自己就是。

在职场上谈及注意障碍则更困难。美国有反歧视的法律，其中包括不能歧视有残疾的人，比如注意障碍患者。只要符合资格，雇主就不能因为应聘者残障而拒绝聘用。注意障碍也是受到保护的疾病之一。

但是，有些歧视不那么明显，不足以构成违法，但确实会影响患者的职业生涯。最好的方法是慢慢来，熟悉环境，建立友谊，等到你觉得拥有足够的信任时，再开始谈一谈注意障碍。告诉别人你是一个注意障碍患者之前，先教育他们。这样做很值得，因为如果你的老板对注意障碍有所了解，你的工作必然会更愉快、更有效率。只要职场愿意接受，要制订出一套应对方案是很容易的。而且根据法律，老板必须接受"合理范围内"的应对方案。只要环境许可，用在教室里的那些策略也适用于职场中，比如结构、清单、提醒、把大任务分解为许多小任务、不要规定期限、减少令人分心的刺激来源、鼓励，以及支持。不但法律规定如此，对老板其实也有好处，因为注意障碍患者是极有活力、工作投入的人，探索他们的潜力就好像把激流变成了水力发电场的能源。

8. **无法找到合适的治疗机构做检测或无法找到相关信息**。有些地方可以做检测或提供相关信息。医学协会、神经学协会、儿科协会和心理学协会都可以一试。也可以到各大医院就诊，你可以咨询神经内科、儿科或精神病学的医生。你也可以试试多动儿协会。

9. **试图建立结构却一再失败**。患者知道结构的重要性，并且开始建立一套结构时，他也许会发现这套结构一再失败，或是他无法遵照结构生活。这时就要体现教练的价值了。教练可以防止系统全部瓦解，可以帮助患者修改结构或是鼓励他坚持下去。一开始会花一些时间才能把结构系统稳定住，这是自然的。患者一直没有什么结构可言，当然会花点时间。但是患者很容易丧气，不愿意再次尝到失败的滋味。这种时候，教练可以插手，提供鼓励、支持和希望。

10. **仍有丢脸或自责的感觉**。这是常见的反应，尤其是在没有解释清楚注意障碍时。我们似乎对大脑的异常情况都很敏感，但是通过支持和教育，患者应该慢慢明白，注意障碍有坏处也有好处。很多成功的人都有注意障碍，诸如莫扎特、爱迪生、爱因斯坦等。最危险的耻辱来自患者内心。注意障碍患者应该感到骄傲，他们的生活中也许充满斗争，但他们带给世界的欢笑和贡献却是如此之多。

注意障碍的病灶在大脑的中枢神经系统中。虽然环境也会造成影响，但归根结底问题出在神经系统的先天异常上，这是专家们一致的见解。令人兴奋的是，未来几十年我们将有能力展开关于神经生理疾病的生理过程试验与评估。有一天我们的治疗方法将足够先进，伴随的各种症状会逐渐被消除，那些注意障碍患者能更自信地说出他们的想法。

**分心的
真相**

- 注意障碍虽然会受环境的影响，但归根结底是神经系统的先天异常。对于注意障碍患者来说，准确的诊断就是一种解放。同时，要教育人们不要用有色眼镜看待注意障碍患者。

- 治疗注意障碍的重点是组织与结构。如果没有结构，无论多有才气，生活也只会是一团糟。团体治疗也很有效，适当地加入一些支持团体会是一个安全、花费不多且非常成功的疗法。

- 治疗注意障碍的药物分成两大类：中枢神经兴奋剂和抗抑郁药。成人和儿童的药物是一样的，这些药物对 80% 的注意障碍患者有效。

未来，属于终身学习者

我们正在亲历前所未有的变革——互联网改变了信息传递的方式，指数级技术快速发展并颠覆商业世界，人工智能正在侵占越来越多的人类领地。

面对这些变化，我们需要问自己：未来需要什么样的人才？

答案是，成为终身学习者。终身学习意味着永不停歇地追求全面的知识结构、强大的逻辑思考能力和敏锐的感知力。这是一种能够在不断变化中随时重建、更新认知体系的能力。阅读，无疑是帮助我们提高这种能力的最佳途径。

在充满不确定性的时代，答案并不总是简单地出现在书本之中。"读万卷书"不仅要亲自阅读、广泛阅读，也需要我们深入探索好书的内部世界，让知识不再局限于书本之中。

湛庐阅读 App: 与最聪明的人共同进化

我们现在推出全新的湛庐阅读 App，它将成为您在书本之外，践行终身学习的场所。

- 不用考虑"读什么"。这里汇集了湛庐所有纸质书、电子书、有声书和各种阅读服务。
- 可以学习"怎么读"。我们提供包括课程、精读班和讲书在内的全方位阅读解决方案。
- 谁来领读？您能最先了解到作者、译者、专家等大咖的前沿洞见，他们是高质量思想的源泉。
- 与谁共读？您将加入优秀的读者和终身学习者的行列，他们对阅读和学习具有持久的热情和源源不断的动力。

在湛庐阅读 App 首页，编辑为您精选了经典书目和优质音视频内容，每天早、中、晚更新，满足您不间断的阅读需求。

【特别专题】【主题书单】【人物特写】等原创专栏，提供专业、深度的解读和选书参考，回应社会议题，是您了解湛庐近千位重要作者思想的独家渠道。

在每本图书的详情页，您将通过深度导读栏目【专家视点】【深度访谈】和【书评】读懂、读透一本好书。

通过这个不设限的学习平台，您在任何时间、任何地点都能获得有价值的思想，并通过阅读实现终身学习。我们邀您共建一个与最聪明的人共同进化的社区，使其成为先进思想交汇的聚集地，这正是我们的使命和价值所在。

CHEERS

湛庐阅读 App
使用指南

读什么
- 纸质书
- 电子书
- 有声书

怎么读
- 课程
- 精读班
- 讲书
- 测一测
- 参考文献
- 图片资料

与谁共读
- 主题书单
- 特别专题
- 人物特写
- 日更专栏
- 编辑推荐

谁来领读
- 专家视点
- 深度访谈
- 书评
- 精彩视频

HERE COMES EVERYBODY

下载湛庐阅读 App
一站获取阅读服务

Driven to Distraction: recognizing and coping with attention deficit disorder from childhood through adulthood by Edward M. Hallowell, M. D. and John J. Ratey, M. D.

Copyright © 1994, 2011 by Edward M. Hallowell, M. D. and John J. Ratey, M. D.

Simplified Chinese Translation Copyright © 2023 by BEIJING CHEERS BOOKS LTD.

Published by arrangement with Edward M. Hallowell, M. D. and John J. Ratey, M. D. c/o Levine Greenberg Rostan Literary Agency through Bardon-Chinese Media Agency.

All rights reserved.

本书中文简体字版经授权在中华人民共和国境内独家出版发行。未经出版者书面许可，不得以任何方式抄袭、复制或节录本书中的任何部分。

版权所有，侵权必究。

图书在版编目（CIP）数据

分心不是我的错 /（美）爱德华·哈洛韦尔
（Edward M. Hallowell），（美）约翰·瑞迪
(John J. Ratey) 著；丁凡译 . —— 杭州：浙江教育出
版社，2024.3（2024.8重印）
 ISBN 978-7-5722-7286-8

Ⅰ.①分… Ⅱ.①爱… ②约… ③丁… Ⅲ.①成功心
理—通俗读物 Ⅳ.① B848.4-49

中国国家版本馆 CIP 数据核字（2023）第 255274 号

浙江省版权局
著作权合同登记号
图字：11-2024-036号

上架指导：心理学 / 注意力管理

版权所有，侵权必究
本书法律顾问　北京市盈科律师事务所　崔爽律师

分心不是我的错
FENXIN BUSHI WO DE CUO

［美］爱德华·哈洛韦尔（Edward M. Hallowell）　约翰·瑞迪（John J. Ratey）　著
丁　凡　译

责任编辑：陈　煜
美术编辑：韩　波
责任校对：胡凯莉
责任印务：陈　沁
封面设计：李　月

出版发行	浙江教育出版社　（杭州市环城北路177号）		
印　刷	天津中印联印务有限公司		
开　本	710mm ×965mm　1/16	插　页	1
印　张	17.75	字　数	244 千字
版　次	2024 年 3 月第 1 版	印　次	2024 年 8 月第 3 次印刷
书　号	ISBN 978-7-5722-7286-8	定　价	99.90 元

如发现印装质量问题，影响阅读，请致电 010-56676359 联系调换。